增肌減脂！
運動前後快速料理

Amyの私人廚房×好食課營養師團隊
教你超省時美味健身餐！

CONTENTS

Chapter 1

運動前後
**即食的搶時間
料理技巧**

Chapter 2

快速完成！
**運動前後的
營養常備料理**

運動前
食譜

Chapter 3

營養師的
運動擇食大補帖

健身中的你更要吃飽吃好，
才能讓效果大大發揮！

多年來，我和家人都有運動的習慣，從健走、跑步、騎飛輪、各式有氧運動都喜歡，也常和朋友們交換運動心得！我最常碰到大家詢問：「運動前、運動後該吃什麼？以及要如何吃才能達到增肌減脂的效果？」

Amy 也發現市面上的運動食譜書都是以西式料理、雞胸肉、冷盤及沙拉為主，對很多人來說，餐餐吃這些菜色，都不及家常菜來的美味可口。

這次我與好食課營養團隊，一同打造運動前後快速料理，是寫給下班後、週末運動的忙碌族群，是特別為時間有限的運動愛好者們所設計的食譜。在這本書中，我精心設計了 60 道很家常、吃不膩的運動常備料理，只要利用週末備料與善用保存方法，週間早午晚餐、補充用點心都能快速做，再搭配電鍋、湯鍋、平底鍋與烤箱，搶時間完成全家人一起吃起來的健康營養餐。

不只每一道飲品、點心、正餐都是精心規劃的最佳比例，還有專業營養師的營養分析及飲食小建議，讓健身運動中的你也能吃飽又吃好，畢竟運動和飲食都是一輩子要堅持的好習慣，希望這本書可以為大家帶來更美好又健康的美好生活。

Amy の私人廚房／Amy 張美君

運動與飲食密不可分，
好食課與您分享成效加倍的運動飲食訣竅

近幾年運動風氣非常盛行，健身房林立、路跑賽事每年數百場，許多人都搭上了這股運動風潮；但好食課發現，其實許多人並不了解運動前後的飲食補充是影響成效的關鍵！又或者知道補充原則，卻無法有效地融入平日飲食；這些需求與渴望，好食課都聽到了！

好食課是最了解民眾和最接地氣的專業營養行銷團隊。好食課有數百場針對運動教練、營養師、民眾的營養講座經驗，同時也擔任許多健身工作室、運動球隊的顧問，更是協助中央和地方政府、食品協會、廠商推廣健康概念與商品行銷的專家。團隊經營多年各式社群媒體，準確了解各年齡層消費者的需求，不僅傳遞知識，更擅長用最簡單最快速的方式，幫您解決飲食營養上的問題。

對運動的您，我們推出了「運動快速料理」，這是第一本以運動族群需求為主的快速中式料理書。我們從您的角度出發，以好食課的專業運動營養知識貫穿全書，並搭配 Amy 老師貼心實用、好上手的料理食譜，陪伴您踏入更健康更有活力的運動生活！

這本書雖然是以運動前與運動後料理為主軸，但不限於運動補充，每道料理皆能成為您與家人幸福歡聚的美味料理。好食課營養師同時提示增肌、減脂、減醣等族群如何使用書中食譜，只要跟著吃，就能讓自己更接近目標。本書的另一大特色是透過方便的索引，讓您能以最迅速的方式找到符合自己所需的食譜！

　　書中也收錄了好食課在講座中常被詢問的問題與飲食迷思，如果您想了解更多飲食營養資訊，「好食課」、「運動食課」、「媽咪食課」的臉書粉絲專頁有更豐富的知識喔！

　　在擁有更多運動營養知識與料理技巧後，希望您也與朋友分享，跟著好食課一起暢快動、開心吃，擁抱健康的美好生活。

好食課營養師團隊

Chapter

1

運動前後
即食的
搶時間料理技巧

對於大部分的運動族群來說，雖然知道補充好的
食物、對的食物很重要，但是自己下廚總是比較
花時間，是不少人的困擾。為了讓運動後的黃金
時間就能即食補充能量，Amy 老師要分享她平日
的前置作業小訣竅，縮短日常料理時間。

週間採買與常備
讓運動料理更即食

對於忙碌的現代人來說，要準備適合下班後運動前後可以即食享用的餐點，利用週末假日就是最好的時間點。善用半天或一個晚上在家開伙事先準備好各式菜色、飲品、點心，不僅經濟實惠，自己做更健康滿分。

● 採買前的概念

該怎麼準備一週的食材呢？最簡單的方式就是先列出一週想吃的菜單，依照主餐、配菜、點心及飲品來列出採買食材清單；採買的規劃原則之一就是「先掌握食材種類及份量」，例如：菜色中會使用到的胡蘿蔔、肉片或海鮮、辛香料，依照菜單掌握所需的採買份量，不怕煮不完而造成浪費。

● 實際規劃一週菜單

首先找出最想吃的菜色或是喜歡吃的食材，或直接參考本書所設計的菜單，先列出每一餐的主食（雞、牛、豬、海鮮等）。例如：想吃洋蔥雞肉蓋飯、蔥燒鮭魚或豆腐肉片捲，再搭配一個配菜－炒鮮蔬，然後加一個湯品：山藥玉米雞湯或蛤蜊鮮魚湯，這樣一餐有肉、有菜、有湯，美味之外還兼顧到營養均衡。

採買一週的食材時，盡量重複使用相同的食材，例如：飲品常會用到的生菜或蔬菜、水果，也可以拿它們來搭配做成生菜沙拉等輕食菜色，這樣採買清單就不會種類太多太複雜。

對於單身或是小家庭族群來說，一週的採買計畫是非常省時、省錢、省力又有效率的方式。因為平時下廚對小家庭來說，常擔心會剩下沒用完的食材，往往堆在冰箱裡會放到過期，往往造成煮一餐比吃外食還要不經濟的情況。所以規劃採買時，「盡量運用相同的食材變化出不同的菜色」，不僅可兼顧到營養均衡，也可以避免食材浪費。

在規劃的同時，也要考量運動前後所需營養均衡的各式餐點，如飲品、點心及主餐，不能餐餐都是「肉多多」，也要搭配營養師在本書中談到的各類食物。而料理原則以「原型食物、簡單調味」為主，不僅能吃進食物的原汁原味，更減少了過多調味負擔。

決定好一週想吃的菜單後，利用週末假日採買所需，首先魚肉類、海鮮、乾貨、以及耐放的根莖類可以一次先買足，葉菜類先買三天份就好；而其他天會用到的葉菜類則可以在下班後到超市快速採買，以保持葉菜新鮮度。

● 關於備料及食材保存

原則 1 **百搭食材每週補貨，讓菜色常變化**

　　首先，廚房必備的根莖類及辛香料絕不能少買，例如：洋蔥、馬鈴薯、地瓜、胡蘿蔔、南瓜等耐放儲存的食材，以及老薑、青蔥、蒜頭、辣椒可多買一些備用，也能減少臨時要奔波採買的麻煩。以上都是很百搭的食材，有一項在手就能無限變化煮法，不妨每週先買起來備用。

　　以洋蔥為例，它是料理中常用的食材，在傳統市場或大賣場買一大袋比買一顆更經濟實惠，我一次都會買一大袋，買回家後放在廚房陰涼處可以保存一個月，無論是中式、西式、涼拌、濃湯等各式料理都少不了洋蔥，可說是廚房必備的常備食材之一。洋蔥可以化身為主菜也能是配菜，例如：利用洋蔥的鮮甜多汁，加入雞肉塊一起烹煮，就能馬上變化成一道超下飯的蓋飯；而烹煮無水料理時，洋蔥也能取代水來使用，經過慢燉之後，能嚐到食物的原汁原味。

　　如果買回來的辛香料一時用不完，可以將青蔥洗淨晾乾，分別切成蔥段、蔥花分裝冷凍保存，老薑切成片、蒜粒去皮後切片，以保鮮袋（食品級）分別分裝冷凍保存，使用時不需解凍，可直接下鍋使用，有時候做菜時剛好差一味，這時冰箱裡備有的辛香料就能運用到。而季節盛產的芋頭、山藥、地瓜，也可以去皮切塊並分別冷凍保存，或是先蒸熟放涼再分裝保存，無論打果汁、煮湯或煮飯都可以取用，方便料理又省錢。

原則 2 **肉品海鮮買回來先處理再分包**

　　肉類的部分選擇可多買排骨、絞肉、雞胸肉、牛肉塊、去骨雞腿肉及魚排，買回家後分別先清洗處理乾淨，再依照每一道菜色的份量作分裝保存。尤其夏天食材容易腐敗，當天處理好再馬上冷凍保存，就可以保持肉類及海鮮等食材的鮮味不流失。冷凍時儘量將食材攤平擺放在夾鏈袋或保存器皿裡，方便每餐取用並省去解凍時間，餐餐輕鬆變化出各式美味料理。

排骨放冷凍庫前,需平鋪不重疊,之後才好使用;而高湯則用冰塊盒儲存,之後取用才方便。

原則3 高蛋白食材的處理法

　　雞蛋、豆腐、豆干都是非常好的蛋白質來源,舉凡煎、炒、滷、煮都好吃,但要注意保存方法以維持鮮度。雞蛋買回家後,建議擦拭乾淨放冰箱冷藏保存;而豆腐比較不耐存放,建議吃多少買多少;豆干則很適合拿來炒成常備菜,可以備一些在冰箱,無論帶便當或運動後要立即補充蛋白質都很方便。

原則4 每週定期管理冰箱食材

　　冰箱的保存也是有賞味期限的,為了避免過度採買而造成囤積沒用完,建議每次採買後分裝保存的食材項目,可以寫一張便條紙貼在冰箱門上,以「先進先出」的方式來使用,可以一目了然冰箱裡現有的各式食材之外,也可以避免冰箱開開關關浪費能源。每次採買前也能掌握好家中還有哪些食材需要先料理完畢,以及缺哪些食材要採買補貨,每隔一段時間要整理清點冰箱內的所有食材,做好採買管理就不會造成食物的浪費。

準備運動料理的
省時訣竅

　　對於有健身習慣的忙碌上班族或小家庭來說，餐餐都開伙的確有難度，這時就得善用各式小家電，例如：電鍋、萬用燉鍋、蒸爐、微波爐、壓力鍋、烤箱及氣炸鍋等，省時省力幫你準備一週或幾天的餐點放冰箱保存。通常我會利用週末煮好常備料理再分包，下班後或運動前後只要加熱過就能快速上桌，即時補充營養。還有，許多人習慣早上喝一杯綠拿鐵或果昔，也都能在週末先處理好食材並分包，早上出門時才不會很忙亂，又能照顧到全家人的健康。以下是我做運動料理的食材處理方式：

● 米飯、雜糧類的準備

　　雜糧類的營養多多，像是糙米、五穀米、紫米等，都需事先浸泡再下鍋烹煮，如果餐餐都只煮一米杯小份量，不僅耗時又浪費電力；建議一次多煮一些，煮好後需趁米飯尚有餘溫時快速分裝在保鮮盒、保鮮袋（食品級），再放冰箱冷凍保存。食用前用電鍋蒸熱或微波加熱，馬上就可以嚐到像剛煮好一樣 Q 彈又香甜的口感。如果臨時想吃炒飯、鹹粥，也能用冷凍米飯做出好吃的料理。

趁米飯還有水蒸氣時就密封保存，才不會讓後續覆熱時，米飯口感變太乾。

● 早餐飲、綠拿鐵的準備

如果你每天上班前習慣準備豆漿、蔬果飲、綠拿鐵等飲品當早餐的話，建議在前一晚先將蔬果汁、綠拿鐵等飲品的食材先備好，放入保鮮盒或保鮮袋再冷藏保存，一早要打汁飲用就非常方便，處理方式如下：

A．豆類與五穀雜糧類

會使用到的黃豆、黑豆、紅豆、薏仁等五穀雜糧類，分別事先浸泡好再煮熟，依照每次要使用的份量做分裝冷凍保存。

B．水果、蔬菜類

打蔬果汁常使用到的鳳梨、蘋果、香蕉等，先去皮並切塊切片成適合打汁的尺寸大小，再平鋪在保鮮袋（食品級）或保鮮盒中放冷凍保存，以利隨時取用。百搭的水果種類包含鳳梨、蘋果、香蕉、火龍果、芭樂等，都可以這樣先處理起來。

除了水果，季節蔬菜類則先汆燙好放涼，再依所需份量分裝到保鮮袋（食品級），放冷藏或冷凍保存。季節盛產的綠色蔬菜包含綠花椰、地瓜葉、青江菜、小松菜等，都適合如此處理。

以我自己來說，早上運動前或後也習慣喝一杯綠拿鐵，其蔬果份量比例通常是蔬菜 3：水果 7，最適合初次飲用的人來嘗試，也可以加一小塊薑或檸檬來提升口感及風味。

● 肉品、海鮮類的準備

　　買回來的肉品（絞肉、肉片等）、海鮮分別先處理，依照想好的菜單份量或家中的人口數量做小包分裝，攤平後再放冰箱冷凍保存。攤平擺放除了節省冷凍庫空間外、也能縮短食材取出後解凍的時間，同時讓食材營養不流失。而煮湯很好用的排骨也可以先清洗、汆燙後分別冷凍保存，下班回家要烹調時，就能更快速完成需要湯底的料理。

　　絞肉的部分除了分裝保存，我也會拿來做成餛飩再保存，因為除了煮湯、還可以做紅油炒手、或加起司再用氣炸鍋變化成小點心，趁週末多做一些放冰箱冷凍保存，運動前後就能隨時煮好一碗料多味美的餛飩湯，好吃又無負擔。

● 即食常備菜的準備

　　利用週末先製作一週的常備菜，例如：牛肉綜合滷味、薑汁燒肉、餛飩、鹹水雞、八寶粥等，都很適合常備在冰箱裡當即食料理。此外，製作滷味時，除了可滷牛腱、牛筋、牛肚之外，剩下的滷汁還可以拿來滷雞翅、滷蛋、滷豆干等，滷好後再分別用保鮮袋（食品級）或保鮮盒分裝冷凍保存，滷味不只能搭配麵飯、還可以變化成炒滷味、涼拌菜、家常小菜及便當菜。

● 分裝保存注意

　　吃不完的滷肉、咖哩、湯品分成小份包裝，一部分冷藏，另一部分放冷凍，這樣可以避免反覆加熱而造成菜餚走味以及營養流失的狀況；如果未食用完的料理確定短時間不會再食用，建議直接放冷凍保存，但切記請勿反覆加熱食用。

　　通常冷藏最佳保存時間約 3-4 天、冷凍保存則約 1 個月至半年，實際仍需視食材及料理內容而定。建議冰箱的冷藏溫度在 5 度 C 以下是保存食物的最佳溫度，冰箱裡要維持一定的冷藏及冷凍空間，勿將冰箱塞滿，會造成溫度不夠而孳生細菌。煮好的常備菜需降溫至 50-60 度 C 左右（也就是溫熱狀態）就能放入冰箱，建議寫上冷藏日期且盡早食用完畢。

Chapter

2

快速完成!
運動前後的
營養常備料理

不少人都知道,運動前要補充碳水化合物,運動
後則要吃足蛋白質,但是怎麼烹調以及安排足量
營養素才行呢? Amy 老師與好食課營養師團隊
聯手打造吃好吃飽且省時完成的運動料理,在意
身材的忙碌族群們一定要趕快試做看看!

把均衡營養觀念
放入你的餐盤

常常有人問起：「到底要怎麼吃才叫均衡？營養師可以幫我開菜單嗎？」或者是「營養師開的菜單都是拿來看的，好看但是不好吃…」可是當一看到菜單卻又反應：「這些菜色我常吃啊，為什麼我還是沒辦法維持健康、控制體重或者是提高運動成效呢？」大家耳熟能詳的「均衡營養」是否也讓你感到熟悉卻又陌生？

現代人工作忙碌，生活壓力大，平常是否經常以一碗附贈一片醃蘿蔔的滷肉飯加上店家贈送的含糖飲料草草結束一餐？而下班後想要犒賞自己或家人，晚餐就準備了滿桌的炸雞塊、烤牛排，即便旁邊放了一盤烤蔬菜，想要為健康飲食盡點心力，最後卻是乏人問津，蔬菜剩下一大半！

其實均衡飲食應該是一種「對自我健康維持的態度」，絕非體檢前三天才開始的激烈吃草行動，均衡飲食應該落實在每一天，甚至是每一餐中，讓身體習慣在足量、正確的飲食營養下，才算是對自己的健康負責。

吃得營養其實很簡單，只要學會基本的食物分類，再搭配上「我的餐盤」均衡飲食六口訣，人人都可以做自己或家人的健康守門員。「我的餐盤」均衡飲食是衛福部國民健康署推行的健康營養政策，透過簡單、易懂、易上手的營養概念，是近年來職場、校園中都極力推廣的一種飲食方式。

「我的餐盤」均衡飲食中心主旨就是希望大家用自己的拳頭、掌心來當比例尺，不論是成長中的孩子、需要元氣活力的上班族或者是家中年長的長輩們，只要在每一餐攝取到身體需要的六大類食物，並且吃足每個人的建議需要量，就可以拋下過往精算食物熱量、份量、營養素的數字大考驗了！以下先來熟悉這六句口訣吧！

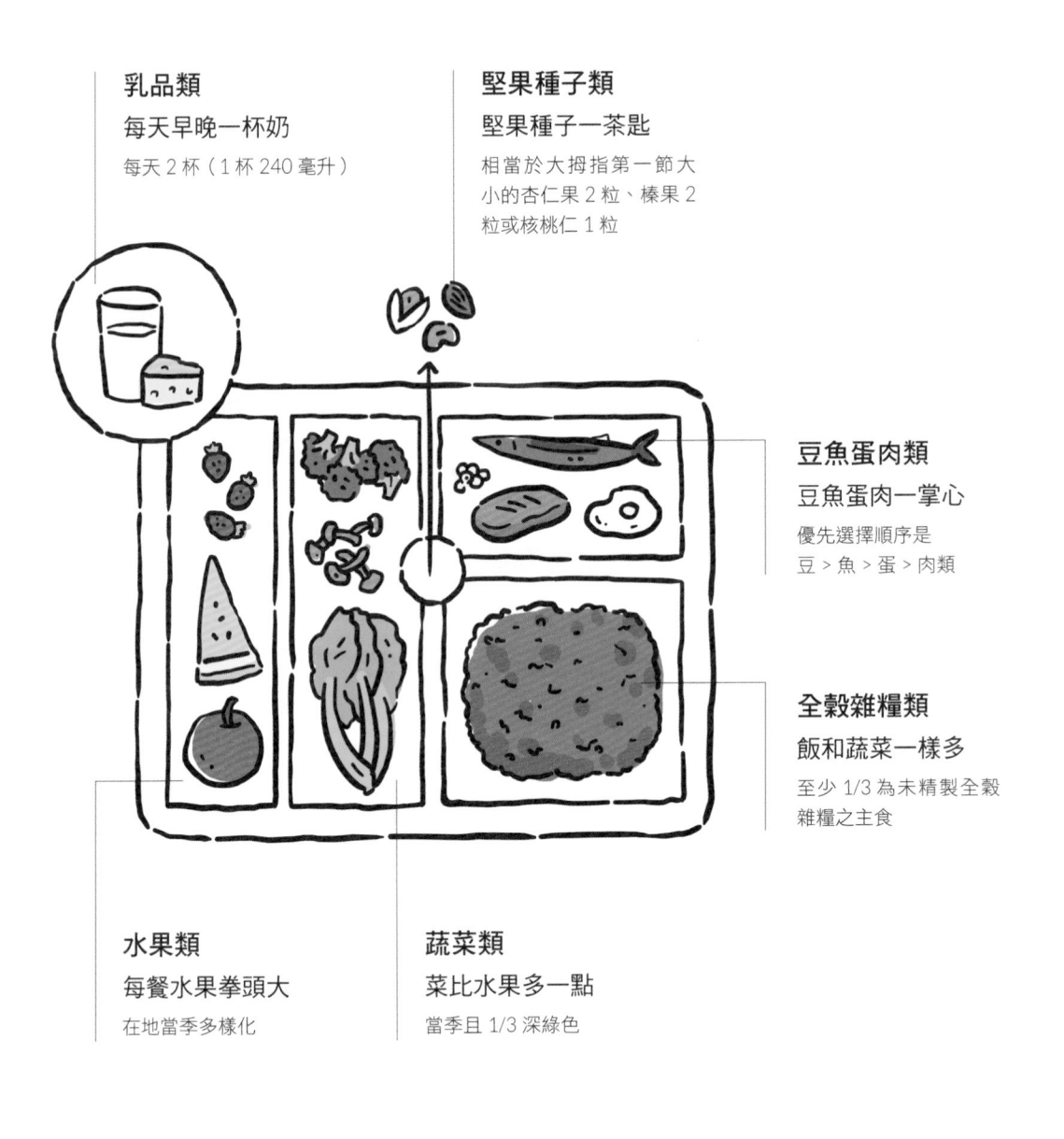

乳品類

每天早晚一杯奶

每天 2 杯（1 杯 240 毫升）

堅果種子類

堅果種子一茶匙

相當於大拇指第一節大
小的杏仁果 2 粒、榛果 2
粒或核桃仁 1 粒

豆魚蛋肉類

豆魚蛋肉一掌心

優先選擇順序是
豆 > 魚 > 蛋 > 肉類

全穀雜糧類

飯和蔬菜一樣多

至少 1/3 為未精製全穀
雜糧之主食

水果類

每餐水果拳頭大

在地當季多樣化

蔬菜類

菜比水果多一點

當季且 1/3 深綠色

● 我的餐盤口訣 1 － 每天早晚一杯奶

　　從小我們是喝母乳或配方乳獲得全方位營養，但隨著年紀增長，乳品類的攝取量反而逐年下降，因乳品類是補充鈣質 CP 值較高的食物，粗略的計算方式：1 毫升的乳品可提供 1 毫克的鈣質，所以「每天早晚一杯奶」能幫助我們攝取到成人一日鈣質需要的 1/2 量喔！如果不喜歡或不能喝乳品的話，可以改成優格、優酪乳、起司等乳製品。

Q　近年來大夯的植物奶（如燕麥奶、豆奶）跟牛奶的營養價值一樣嗎？

A　當然不一樣，燕麥奶是由燕麥提煉而來，屬於「全穀雜糧類」的萃取物；豆奶則與豆漿相似，如果和鮮奶、牛奶相比，鈣質與蛋白質都更少。但燕麥奶的優點是比牛奶含有更多的膳食纖維，豆奶則是可用更優惠的價格吃進等量蛋白質，而這兩者也都不含乳糖；但相較來說，直接吃蔬菜能補充更多的膳食纖維，所以無論如何，營養師仍建議每天要喝到兩杯牛奶（或以羊奶、乳製品取代）喔！

　　在日常選擇上，端看自己最想補充什麼樣的營養素！想補充鈣質，就以牛奶、優格為主，但若是想補充醣類、膳食纖維，那可以選擇燕麥奶！而需要蛋白質的話就選豆奶。無論是哪種奶，都希望可以取代一般的手搖飲、含糖飲料，這樣才能夠減少精製糖帶來不必要的熱量與肥胖問題。

牛奶、豆奶、燕麥奶營養分析比較（每 100ml）

	（全脂）牛奶	豆奶	燕麥奶
熱量	63	56	44
醣類	4.8	8.7	8.1
蛋白質	3.0	2.8	1.0
脂肪	3.6	1.1	0.8
鈣質	100	15	4
膳食纖維	0	1.6	1.1

數據來源：台灣食品成分資料庫

● 我的餐盤口訣 2 — 每餐水果拳頭大

　　如果沒有糖尿病、高血壓、肥胖等慢性疾病問題，想要每天均衡營養，每餐就應攝取如自己拳頭大小般的水果，所以每天都建議要攝取到 3 個拳頭大的水果份量，而且當季水果會更好，這樣不僅減少農藥殘留，品質上也更香甜。習慣選擇精緻甜點的民眾，建議從新鮮水果開始替換，加進無糖優格，就是很健康的甜點。

Q　酪梨牛奶中的酪梨也是水果類嗎？

A　酪梨是「油脂類」喔！以食物的營養成分來說，酪梨可以提供身體經常攝取不足的單元不飽和脂肪酸，每 100 公克的酪梨熱量約為 65 大卡，其中油脂比例高達 51%，下次買「酪梨牛奶」時，記得它不是水果類喔！

● 我的餐盤口訣 3 — 菜比水果多一點

　　普遍來說，蔬菜與水果相比，大家會覺得蔬菜較難取得、難料理，甚至難以入口，所以經常想以水果取代蔬菜，這其實是錯誤概念喔！雖說兩者皆可補充水分、膳食纖維、植化素或少量礦物質鈣、鐵等，但是兩者熱量差異大，醣類份量也不同，若是把水果當成蔬菜吃，熱量可是會瞬間增加 2-3 倍的！只要烹調得當，蔬菜的熱量很低，加上膳食纖維可以提供飽足感，所以每餐都要吃比自己拳頭再大一些的蔬菜量，午、晚餐可以點盤燙青菜，或是便利商店販售的沙拉或微波蔬菜，也是方便外食族採買的選項。

Q　為什麼膳食纖維可以幫助腸道養好菌？

A　膳食纖維是益生質的一種，可以促進益生菌的生長，而且部分膳食纖維經腸內細菌發酵後會產生短鏈脂肪酸來調整腸道環境，抑制壞菌生長，達到維持腸道菌相平衡的效果。

● 我的餐盤口訣 4 — 飯跟蔬菜一樣多

　　米飯、麵條等澱粉類食物可提供我們細胞、肌肉、大腦能量，維持正常運作，同時提供微量蛋白質，你知道一碗飯約含有等同於一顆雞蛋的蛋白質量嗎？雖然米麵的蛋白質品質不如黃豆、動物性肉類完整，但只要搭配豆類食物，還是可以完整補足身體的必需胺基酸，以維持肌肉生長，除非要進行不同飲食法的營養素比例調整，否則每餐都建議飯量跟蔬菜量一樣多。

Q　糙米飯熱量比白米飯低？可以多吃一點？

A　錯！同樣一碗飯，兩者的熱量幾乎相等，但糙米並未精製過，保留了完整的麩皮、胚芽、胚乳，是屬於升糖指數較低的全穀雜糧類食物，可以延緩餐後血糖上升，提供我們較多的膳食纖維、維生素 E、維生素 B1、菸鹼酸，因此三餐多選擇未精製的全穀類也是很重要的。

營養師 Tips　漸進式的抽換精白米的使（食）用量，就可以偷天換日習慣全穀類的口感喔！

● 我的餐盤口訣 5 — 豆魚蛋肉一掌心

　　這句口訣的目的有兩個，一是希望利用順序，告訴民眾在選擇蛋白質類食物時，優先從植物性、海鮮白肉的順序來攝取，因為部分家禽、家畜等動物性的食物含有較多飽和性脂肪酸，攝取過多是造成心血管疾病的危險因子之一，加上現代人外食機會高，容易因為店家烹調方式、食材成本、口感等因素而攝取到過多油脂，因此選擇蛋白質類食物時，建議順序如下：豆類→魚類→蛋類→肉類。二是留意份量，如果不是正在進行增肌或特殊飲食法的狀況下，建議每餐攝取到自己的「一掌心大小」份量才能維持肌肉量、修復細胞組織以及提供正常免疫系統運作的基本需要量，下次打開便當時，伸出自己的手掌比一比，看到比掌心大很多的排骨就表示可能吃太多了！

Q　聽說雞蛋有膽固醇，每天只能吃一顆？

A　錯！飲食中的膽固醇並不等於血中膽固醇，真正影響血中膽固醇的是「飽和脂肪酸」，例如：牛油、豬油、棕櫚油等，與經過加工、高溫裂變後的反式脂肪酸，因此在 2015-2020 年的《美國飲食指南》中已不再強調膽固醇的建議量。蛋黃雖然含有膽固醇，但同時也是富含卵磷脂、葉黃素，能維持眼睛不受氧化傷害、保持細胞完整性的重要營養素，再加上料理方式多元、質地軟、容易入口，是全年齡層都很適合的蛋白質食物，一天一顆或偶爾吃到 2-3 顆也沒問題喔！

● 我的餐盤口訣 6 — 堅果種子一茶匙

　　堅果類含有豐富的維生素E與不飽和脂肪酸，但要適量攝取，因為堅果也是有熱量與油脂的，建議選擇無調味、低溫烘烤的原味堅果，份量控制在一茶匙。測量方式很簡單，只要伸出自己的大拇指，我們大拇指第一指節大約就是一茶匙，也就是建議每餐攝取的堅果份量喔！

Q　吃芝麻可以補鈣嗎？

A　可以，但是不容易！七茶匙的芝麻，熱量約 60 大卡，鈣質含量約 150毫克。以國人的飲食習慣，是很難吃到足夠的鈣質需要量的！此外，芝麻裡的植酸含量高，也會影響鈣質的吸收率！

　　想要均衡營養每一天嗎？不論你是家中的掌廚大人還是外食一族，只要認識食物分類，再搭配上「我的餐盤」六口訣，這餐吃不到，那我們可以在餐間作為點心或運動前後的補充，並且選擇新鮮、在地、當季的食材聰明吃，提高每一天的飲食多樣性，誰說一定要營養師開菜單，只要走進市場裡，人人都可以是自己的均衡營養掌門人。

把握運動後補充
營養的黃金時間

了解均衡營養的概念後，接下來我們要談談補充營養的黃金時間。有 90% 的人運動都是為了瘦下來或擁有更好更精實的身材，但在過去多年諮詢經驗中最常碰到運動者的飲食迷思就是：

「運動可以消耗脂肪，那運動後我少吃一點，這樣可以瘦得更快！」

導致許多女生參加了團體運動課程，一兩小時運動下來筋疲力盡、滿頭大汗，結束後卻只吃簡單的蔬果沙拉或一兩顆水煮蛋來打發一餐。這樣做反而會讓你更難瘦，也更容易發生復胖狀況！

想要瘦得快、瘦得健康，運動後一定要吃東西；吃對東西才能讓你瘦得更順暢，而且別忘了要「盡快吃」，越快吃的成效越好！最好是運動後 30 分鐘內就進食！

● 吃對時間，營養補充才能真正增肌減脂

把握運動後的黃金補充時間吃對食物，不僅可以讓增肌減脂更有效，也會讓疲勞更快恢復。舉個比較誇張但好懂的例子來說，運動後立即喝一杯無糖珍珠鮮奶和運動後二小時或四小時才喝，兩個時間點會造成截然不同的效果！

一杯無糖珍珠鮮奶大概有 400 大卡的熱量，換算起來差不多是 1.5 碗飯。如果平常沒運動，當你喝下一杯無糖珍珠鮮奶時，這 400 大卡的熱量會被身體優先儲存到脂肪細胞，這也是為什麼三餐吃太多會肥胖、導致身材走樣的主因。

同樣是喝一杯無糖珍珠奶茶，充分運動後攝取就能轉成身體能量，在沒運動的狀況下喝，就只會變成脂肪！

　　但如果攝取的時間點對了，換成在運動後的黃金補充時間內喝一杯無糖珍珠鮮奶，雖然有一樣多的熱量跑進身體，但因為運動時肌肉消耗了很多能量，這時候肌肉正缺乏資源，就會把飲食中的醣類、蛋白質這些提供能量的原料都抓進肌肉裡，還沒堆積到脂肪細胞中，就先快速地被肌肉細胞給搶走了，不僅可以作為肌肉生長的材料，也更能提高代謝、幫助恢復疲勞，間接達到減少脂肪累積的效果！

營養師小提醒

「平常吃過多食物會跑到脂肪細胞讓你變胖，但充分運動後吃適量食物會優先進到肌肉，可以幫助你恢復疲勞、增肌減脂。」

但這個效果是有時間限制的，所以才會被稱作「黃金補充時間（一般建議運動後 30 分鐘內）」。當運動後休息越久，肌肉細胞就越不會抓取養分，慢慢地吃進去的那些能量又會堆積到脂肪裡了。也就是説，如果你今天運動量足夠，運動後馬上補充一杯無糖珍珠鮮奶，那一整杯的熱量都會跑到肌肉裡，而不會累積脂肪；如果休息兩個小時才喝，那肌肉可能只吸收到 2/3，剩下的 1/3 還是會跑到脂肪去！若再隔更久，比方四至六小時，也許整杯珍珠鮮奶就都堆積到脂肪細胞裡囉！

運動飲食最重要的準則就是：「運動後越快吃越好！」而且要補充對的食物，才能讓成效加倍！

要怎麼趕上這個黃金補充時間，讓補充效益最佳化呢？介紹 3 個小方法，大家可以依照自己的習慣，運動後快速補充對的食物。

營養師教你運動後補充營養3方法

● **方法 1 －** 利用本書食譜，製作常備菜放冰箱保存

　　利用週末假日先製備一些「富含蛋白質」的常備菜放在冰箱中，有的可以冷食，像是滷牛腱、魯蛋、滷豆乾等；或是能輕鬆加熱的類型，像是排骨湯、香料雞胸肉，回到家只要把烤箱、電鍋打開，將料理放進去，按下開關，同時去洗個澡，15分鐘後就可以享用溫暖的料理！自己做常備菜不僅安心，在食物的選擇上也更優質，好讓努力運動後的身體可以得到最佳回饋！

滷味是很方便的運動後料理，因為含有蛋白質，而且冷吃或加熱吃都美味，建議週末先滷製一些做保存。

● 方法 2 － 便利商店是運動後的營養補給站

有時候太忙碌，運動完還有事情，或者家裡還沒準備料理食材，這時就需要無所不在的便利商店了。建議先買杯400毫升的豆漿或牛奶，搭配一個茶葉蛋，就是方便的運動後組合。但購買飲品、包裝食品的時候，別忘了學習看營養標示（Chapter3會教大家怎麼看），運動後快速補充營養的這一餐，最重要的就是要吃到15-20克蛋白質，看營養標示稍微加減、計算一下就能吃到方便又有效的運動補給了！

● 方法 3 － 不方便準備食物時，可考慮使用補充品

有時候會碰到學員跟我說：「營養師，我們那邊健身房有一點點偏僻，便利超商也要騎車才到的了，這樣要特別跑一趟，花的時間也不少，怕來不及快速補充，還有沒有其他的方法啊？」

如果你也剛好在比較遙遠的地方運動，也不方便準備食物，那運動量大或運動時間久的話，可以考慮使用「乳清蛋白」，乳清蛋白是粉末狀，可以室溫保存，只要買單次包裝或者將粉末裝到水壺、夾鏈袋中就十分容易攜帶，也能輕鬆補足20克以上的蛋白質，是適合無法即時買到食物且運動強度高的人使用。

「乳清蛋白」適合無法
即時買到食物且運動強
度高的人使用。

牛奶、蛋除了蛋白質含
量多，更多了乳清蛋白
沒有的多元營養素。

　　但別忘了「Food First, Supplement Second」，食物中含有的營養仍比補充品更豐富、更多元，生活中的飲食還是要以食物為主，補充品是在特定時間或飲食真的無法達成目標時才使用的！

　　回想一下你最近運動完有沒有在對的時間好好補充對的食物呢？快拋開「運動後不吃才會瘦」的舊觀念，努力運動後可以開心享受美食，是最應該犒賞自己的黃金補充時間。接下來，我們跟著Amy老師一起規劃採買與備料，運用週末時間為自己、全家人準備美味又方便的運動營養料理吧！

Sports Nutrition

運動前
食譜
Recipes

* 本書食譜使用的糖為「三溫糖」，在超市及大賣場都能買得到。
* 「運動前食譜」的營養分析皆為一人份。

運動前
飲品

番茄鳳梨蘋果汁
Tomato & Pineapple & Apple

材料 / 1人份

牛番茄	50g
蘋果	50g
鳳梨	100g
胡蘿蔔	30g
芽菜	30g
開水	200cc

作法

1 將蔬果洗淨，蘋果、鳳梨去皮切塊，牛番茄、胡蘿蔔切塊備用。
2 將所有材料放入果汁機或調理機，打成汁即可飲用。

熱量	蛋白質	碳水化合物	脂肪
99kcal	2g	26g	0g

好食課營養師小提醒

牛番茄水分含量高，和小番茄水果類不同，屬於蔬菜類食材，搭配蘋果和鳳梨在運動前補充，可以幫助快速補充體力，也能延後運動疲勞感。

運動前
飲品

紅豆紫米露

Red Beans & Purple Rice

材料 / 1人份

蒸熟的紅豆	50g
煮熟的紫米	30g
黑糖	適量
牛奶或豆漿	200cc

作法

將已蒸熟的紅豆、紫米以及牛奶都放入果汁機或調理機中打至濃稠，食用前可加入少許黑糖調味。

熱量	蛋白質	碳水化合物	脂肪
249kcal	11g	34g	8g

好食課營養師小提醒

鮮奶可說是鈣質營養的代表食材，1毫升就含有1毫克鈣質，在體內的吸收利用率也很好，是備受推薦的好食材！

運動前
飲品

藍莓香蕉果昔
Blue Berry & Banana

材料 / 2人份

冷凍藍莓	50g
冷凍香蕉	100g
無糖優格	200cc

作法

1 藍莓洗淨、香蕉切小塊，放至冷凍庫至結凍。

2 全部材料都放入果汁機或調理機，打成汁即可飲用。

熱量	蛋白質	碳水化合物	脂肪
152kcal	4g	28g	3g

好食課營養師小提醒

藍莓、覆盆莓等莓果類食材有豐富的多酚抗氧化物質，有助提升
身體的保護力，而香蕉富含鉀離子，有助肌肉、神經系統正常運
作外，對血管和血壓的健康也有很大的保健效果。

運 動 前
飲 品

葡 萄 芭 樂 蔬 果 汁

Grapes & Guava

材料 / 1人份

葡萄	70g
藍莓	30g
芭樂	50g
蘋果	50g
芽菜	30g
開水	300cc

作法

1　洗淨所有蔬果,將芭樂、蘋果切成小塊備用。

2　將所有材料放入果汁機或調理機,打成汁即可享用。

熱量	蛋白質	碳水化合物	脂肪
112kcal	2g	31g	0g

好食課營養師小提醒

芭樂是維生素 C 之王,1/3 顆(約 100 公克)就有近 200 毫克的維生素 C 量,已經是每天建議攝取的兩倍量了,除此之外,其膳食纖維也很多,不僅養顏美容、幫助抗氧化,也有助維持腸道健康。

運動前
飲品

紅龍果高纖果汁
Red Dragon Fruit

材料 / 1人份

紅龍果	60g
鳳梨	100g
香蕉	50g
豆漿	200cc

作法

1 將紅龍果、鳳梨及香蕉去皮後切塊備用。

2 將所有材料放入果汁機或調理機，打成汁即可享用。

熱量	蛋白質	碳水化合物	脂肪
185kcal	9g	33g	4g

好食課營養師小提醒

紫紅色果肉的紅龍果含有花青素、多酚等的抗氧化植化素，可促進身體新陳代謝、抗老化，能幫助維持好氣色！

運 動 前
飲品

綜 合 穀 物 精 力 湯
Grains & Fruits & Vegetables

材料 / 2人份

十穀飯	50g
青江菜、高麗菜	60g
蘋果	80g
鳳梨	70g
堅果	1大匙
開水	250cc

作法

1 煮一鍋熱水，放入青菜汆燙一下撈起瀝乾水分，蘋果及鳳梨切塊備用。

2 全部材料都放入果汁機或調理機，打成汁即可飲用。

熱量 **141**kcal　蛋白質 **4**g　碳水化合物 **22**g　脂肪 **6**g

好食課營養師小提醒

十穀米含有許多不同穀物的礦物質、維生素 B 群和膳食纖維營養；
十字花科的高麗菜含有吲哚和硫配醣體等抗氧化物質，比起長時
間水煮，將高麗菜汆燙後再打成果汁，可以喝下較多營養！

運動前
飲品

核桃毛豆活力飲
Walnut & Edamame

材料 / 1人份

鳳梨	100g
香蕉	50g
小松菜	20g
熟毛豆	30g
核桃	1大匙
開水	150cc

作法

1 煮一鍋熱水，放入小松菜汆燙一下後撈起瀝乾水分，鳳梨及香蕉切小塊備用。

2 將所有材料放入果汁機或調理機，打成汁即可飲用。

熱量	蛋白質	碳水化合物	脂肪
111kcal	4g	24g	2g

好食課營養師小提醒

鳳梨含有維生素 C、膳食纖維和鳳梨酵素等營養，有助消化和正常排便，促進身體新陳代謝，幫助排出體內廢棄物。

運動前
點心

酪梨蛋沙拉

Avocado & Eggs

材料 / 2人份

酪梨	1顆
水煮蛋	2顆
香菜（芫荽）	1株
檸檬汁	1/2大匙
鹽	少許
黑胡椒粉	少許
紅椒粉	少許

作法

1 剖開酪梨並取出果肉，切丁後放入碗中，淋上檸檬汁拌勻，能防止氧化。

2 依序放入切丁的水煮蛋、香菜碎。

3 加入少許鹽、黑胡椒粉及紅椒粉，拌勻即可享用。

熱量	蛋白質	碳水化合物	脂肪
135kcal	2g	9g	9g

好食課營養師小提醒

酪梨含有非常健康的單元和多元不飽和脂肪酸，也是高纖高鉀的食材，有助於降低膽固醇，對腸道消化和保健也有很多益處！

運動前
點心

蜂蜜燕麥餅乾

Honey & Oat

材料 / 4人份

燕麥片	80g
低筋麵粉	80g
雞蛋	1顆
無鹽奶油	20g
三溫糖	1大匙
蜂蜜	1大匙
堅果	20g

作法

1 將所有材料放入調理碗拌勻。

2 烤盤鋪上烘焙紙，用湯匙取出燕麥麵糊，整成圓餅小薄片排在烤盤上。

3 放進已預熱好的烤箱，以 180 度烤溫烘烤約 12-15 分鐘，表面金黃即可出爐。

熱量	蛋白質	碳水化合物	脂肪
254kcal	7g	36g	10g

好食課營養師小提醒

燕麥小小體積，卻含有非常豐富的碳水化合物和膳食纖維，不僅可以提供肌肉能量，也可以幫助血脂和膽固醇代謝，具有調節血脂的作用。

黃金地瓜燒

Sweet Potato

材料 / 4人份

中小型地瓜	3根
三溫糖	1小匙
牛奶	1大匙
蜂蜜	1大匙
無鹽奶油	1大匙

表面塗抹用

蛋黃	1顆
黑芝麻粒	適量

作法

1. 洗淨地瓜，放入電鍋蒸熟，取出剖半，挖出中間地瓜泥（外皮要保留厚度，當成承裝地瓜泥的容器）。

2. 趁熱將地瓜泥拌入砂糖、牛奶、蜂蜜、無鹽奶油，全部拌勻至細緻狀，再回填至地瓜皮裡。

3. 在表面刷上一層蛋黃液、撒上黑芝麻粒，放進烤箱，以 180 度烘烤約 15 分鐘，表面金黃上色即可出爐，冷熱都好吃。

| 熱量 213kcal | 蛋白質 3g | 碳水化合物 40g | 脂肪 5g |

好食課營養師小提醒

地瓜的碳水化合物很豐富，壓成泥纖維短好消化，食譜中也有蜂蜜和糖，可以快速提供運動所需的糖分，讓肌肉有足夠能量可以進行運動訓練。

運動前
點心

馬鈴薯餅

Potato

材料 / 2人份

馬鈴薯	2顆
雞蛋	1顆
麵粉	2大匙
鹽	1小匙
胡椒粉	少許

作法

1 將馬鈴薯刨成絲，再用手擰去馬鈴薯多餘的水分（水分越少，薯餅越酥脆）。

2 將馬鈴薯絲放入碗中，加入雞蛋、麵粉、鹽及胡椒粉，全部拌勻。

3 熱油鍋後，取適量的馬鈴薯絲下鍋鋪平，以小火煎至兩面金黃香酥即可享用。

熱量	蛋白質	碳水化合物	脂肪
155kcal	7g	26g	3g

好食課營養師小提醒

馬鈴薯可以提供身體豐富的礦物質鉀，有助於平衡體內的電解質，幫助肌肉收縮與伸展，讓運動訓練更順暢，也能避免抽筋發生！

香料烤南瓜

Pumpkin

材料 / 2人份

南瓜	300g
橄欖油	1大匙

調味料

義大利綜合香料粉	1/4小匙
黑胡椒粉	少許
海鹽	1/4小匙

作法

1 洗淨南瓜外皮、切成 1cm 的片狀放入調理碗中，淋上橄欖油及調味料拌勻。

2 烤盤裡鋪上烘焙紙，將南瓜片一一攤平。

3 放入已預熱好的烤箱（亦可使用氣炸鍋），以 180 度烘烤約 15-20 分鐘至南瓜表面金黃上色，即可出爐享用。

熱量	蛋白質	碳水化合物	脂肪
170kcal	3g	26g	8g

好食課營養師小提醒

南瓜有豐富的維生素 A 和 E 等抗氧化營養素，有助於舒緩運動帶給身體的氧化壓力，還能增進皮膚健康。

紅豆雪花糕

Red Beans

材料 / 4人份

牛奶	300cc
玉米粉	40g
三溫糖	1大匙
蜜紅豆	100g
椰子粉	適量

作法

1 先取 100cc 的牛奶，加入玉米粉拌勻備用。

2 鍋裡倒入 200cc 的牛奶、細砂糖，以中小火煮至糖融化，再加入蜜紅豆、調好玉米粉的牛奶一起拌勻。

3 持續攪拌煮至濃稠狀即可熄火，倒入已鋪好烘焙紙的容器中，抹平放涼，再放入冰箱冷藏，食用前切成塊狀，再裹上椰子粉即可享用。

熱量	蛋白質	碳水化合物	脂肪
146kcal	4g	27g	3g

好食課營養師小提醒

雪花糕軟嫩的口感很適合運動前比較沒食慾的人吃，是碳水化合物密度高的點心，紅豆也有許多膳食纖維，有助於腸道蠕動，讓腸道更健康。

鳳梨香蕉冰淇淋
Pineapple & Banana

材料 / 2人份

香蕉	200g
鳳梨	200g

作法

1 將香蕉去皮切成一小段、鳳梨也切成小塊,放進冰箱冷凍庫至冷凍成型。

2 將冷凍好的香蕉、鳳梨放入食物處理機或果汁機,打成綿密果泥狀。

3 攪拌至不見果粒就是綿密的水果冰淇淋了,利用香蕉的特性可搭配喜歡的水果做出不同口味的冰淇淋。

熱量	蛋白質	碳水化合物	脂肪
133kcal	2g	36g	0g

好食課營養師小提醒

冰涼的水果冰淇淋不只適合運動前快速補充能量,也很適合運動後搭配豆漿、牛奶一起吃,可以幫助降低身體核心溫度並恢復體力。

運動前
正餐

蓮藕薏仁排骨湯
Lotus root & Job's tears & Pork ribs

材料 / 4人份

排骨	300g
蓮藕	150g
薏仁	50g
薑片	2片
枸杞	1大匙
鹽	適量
水	1000cc

作法

1 先以跑活水的方式處理排骨（可去除臭腥味），準備冷鍋冷水並放入排骨，開小火慢慢煮，當水快煮滾前，排骨會釋出很多浮渣，這時熄火，將排骨洗淨備用。

2 薏仁可先浸泡水30分鐘，洗淨蓮藕並去皮切塊。

3 取一個湯鍋，放入排骨、蓮藕、薏仁以及薑片，加水800cc，以中火煮滾，用湯杓撈除湯汁上的浮渣，蓋上鍋蓋轉小火，慢燉45-50分鐘。

4 將蓮藕及排骨煮至喜歡的熟度，開蓋後加入枸杞及鹽做調味，即可熄火享用。

熱量	蛋白質	碳水化合物	脂肪
233kcal	17g	14g	12g

好食課營養師小提醒

這道湯品提供15克以上的蛋白質，讓我們能有足夠的飽足感！如果你正在減脂，也沒太多時間準備晚餐，那就來碗蓮藕薏仁排骨湯，吃完休息2小時再去運動，不僅有足量的蛋白質，也攝取適量的碳水化合物讓你充滿活力！

運動前
正餐

佃煮南瓜

Pumpkin

材料 / 2人份

南瓜	250g
昆布高湯	60cc
日式柴魚醬油	1大匙
味醂	1大匙

作法

1 昆布高湯：一杯水 120cc 放入 2 片 5cm 的昆布，泡 30 分鐘即可使用。

2 南瓜切成塊狀，用刀子將南瓜塊邊緣削掉一些，這樣燉煮後才不會鬆散開來。

3 準備一個燉鍋，放入南瓜塊（鍋子大小以放一層南瓜為主），倒入所有調味料及昆布高湯。

4 蓋上「落蓋」，以小火燉煮約 10 分鐘即可熄火。煮好的南瓜冷熱都好吃，可放冰箱冷藏 3-4 天。

熱量	蛋白質	碳水化合物	脂肪
170kcal	2g	39g	1g

好食課營養師小提醒

南瓜是比較低熱量的全穀雜糧類，食用有飽足感又不會攝取過多熱量，因此拿來作為消耗熱量較少的肌力運動前補充非常適合！輕鬆地補充些許碳水化合物，能幫助運動時肌肉能量滿滿！

運動前
正餐

焗 烤 馬 鈴 薯

Potato

材料 / 2人份

小馬鈴薯	6顆
無鹽奶油	20g
乳酪絲	適量

調味料

海鹽、黑胡椒粉	適量

作法

1 洗淨馬鈴薯，在表面劃刀（每道約0.3-0.5公分左右的間距）
  但不切斷。

2 在馬鈴薯縫隙裡填入適量奶油，再放入烤箱，以180℃烤約25
  分鐘。

3 烤至馬鈴薯熟後取出，撒上乳酪絲，再次烘烤至金黃上色，撒
  上海鹽、黑胡椒粉即可享用。

熱量	蛋白質	碳水化合物	脂肪
290kcal	8g	43g	10g

好 食 課 營 養 師 小 提 醒

足夠的鈣質是維持我們代謝的關鍵，也是肌肉收縮重要的礦物質！
乳酪絲含有鈣質，撒一點在馬鈴薯上，不僅料理更添美味，也攝
取到鈣質。

運動前
正餐

山藥玉米雞湯

Common Yam & Corn & Chicken

材料 / 2人份

雞腿肉	1隻
山藥	100g
玉米	1根
蔥	1根
薑片	2片
蒜粒	3瓣
水	800cc

調味料

鹽	1小匙
米酒	1大匙

作法

1 雞腿肉切塊，用熱水汆燙後撈出洗淨備用。

2 蔥切蔥花、山藥去皮切塊、玉米切小段備用。

3 取一個湯鍋，放入雞肉塊、蒜粒及薑片，加水 800cc，以中火煮滾，用湯杓撈除表面浮渣、蓋上鍋蓋轉小火燉煮 25 分鐘。

4 打開鍋蓋，放入玉米、山藥煮至喜歡的軟硬度，再加鹽、米酒調味，熄火前撒上蔥花即可享用。

熱量	蛋白質	碳水化合物	脂肪
262kcal	22g	18g	10g

好食課營養師小提醒

雞肉是最好的低脂蛋白質之一，搭配熱量低、飽足感高的玉米，能以最恰當的熱量填飽肚子。因為蛋白質較多，建議在運動前 2 小時食用，或者製作時可以稍微斟酌減少雞腿量，讓運動時的腸胃減少負擔。

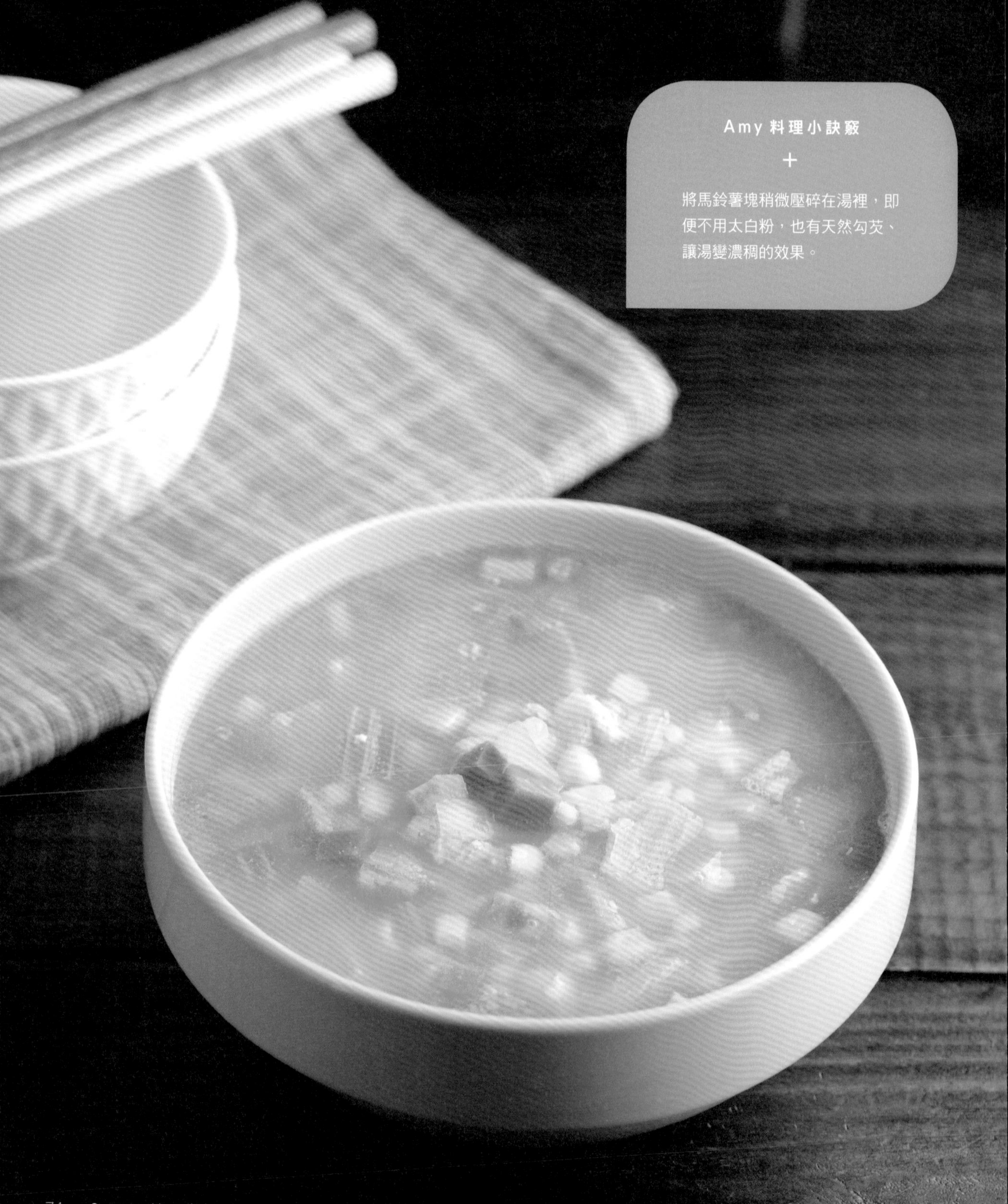

Amy 料理小訣竅

＋

將馬鈴薯塊稍微壓碎在湯裡，即便不用太白粉，也有天然勾芡、讓湯變濃稠的效果。

運動前
正餐

雞蓉玉米馬鈴薯濃湯
Chicken & Corn & Potato

材料 / 2人份

雞胸肉	100g
玉米粒罐頭	1罐
馬鈴薯	1顆
洋蔥	半顆
西洋芹	1根
胡蘿蔔	50g
高湯或水	500cc
食用油	1小匙

調味料

鹽、黑胡椒粉	適量

＊玉米粒罐頭1罐 約250g-300g
　馬鈴薯1顆約200g

作法

1　雞胸肉剁成肉末，洋蔥、馬鈴薯、胡蘿蔔去皮切細丁，西洋芹去除粗纖維後也切細丁。

2　以中小火熱油鍋，先放洋蔥炒出香氣，馬鈴薯、胡蘿蔔、西洋芹也下鍋炒至半熟，再加入雞肉末拌炒。

3　加入玉米粒、高湯或水煮滾，蓋上鍋蓋，轉小火煮約 5-8 分鐘，煮至馬鈴薯與蔬菜都軟化，開蓋後用湯杓將馬鈴薯塊稍微壓碎，有天然勾芡效果。

4　熄火前加鹽、黑胡椒粉調味即完成。

熱量	蛋白質	碳水化合物	脂肪
314kcal	23g	48g	7g

好食課營養師小提醒

雞蓉玉米馬鈴薯濃湯有 300 多大卡以及將近 50g 的碳水化合物，最適合在運動前約 2 小時喝，暖暖身體，休息一下就能運動囉！

運動前
正餐

小 卷 米 粉 湯
Neritic Squid & Rice Noodles

材料 / 2人份

小卷	1尾
純米米粉	100g
蔥	1根
芹菜	1株
乾香菇	3朵
豬肉絲	50g
蝦米	10g
油蔥酥	1大匙
高湯或水	500cc

調味料

鹽	1小匙
胡椒粉	適量
芝麻香油	1小匙

作法

1 將小卷清理乾淨切成圈狀、蔥切蔥白及蔥綠、芹菜切珠、香菇泡軟切絲、蝦米泡軟備用，米粉用水沖一下即可。

2 以中小火熱油鍋，蔥白、蝦米下鍋爆香，再放豬肉絲及香菇絲炒出香氣，加入高湯或水煮滾。

3 小卷下鍋並加入調味料，再次煮滾後放入米粉，熄火前撒上蔥花、芹菜珠及油蔥酥即可享用。

熱量	蛋白質	碳水化合物	脂肪
277kcal	27g	26g	8g

好食課營養師小提醒

肌力運動消耗的熱量少，正餐首重攝取碳水化合物與適量優質低脂蛋白，海鮮、雞肉是最佳的選項，所以這道小卷米粉湯就解決運動前補充營養的難題。如果平常纖維質攝取不足，再燙個青菜搭配，就是均衡又營養的運動前餐點。

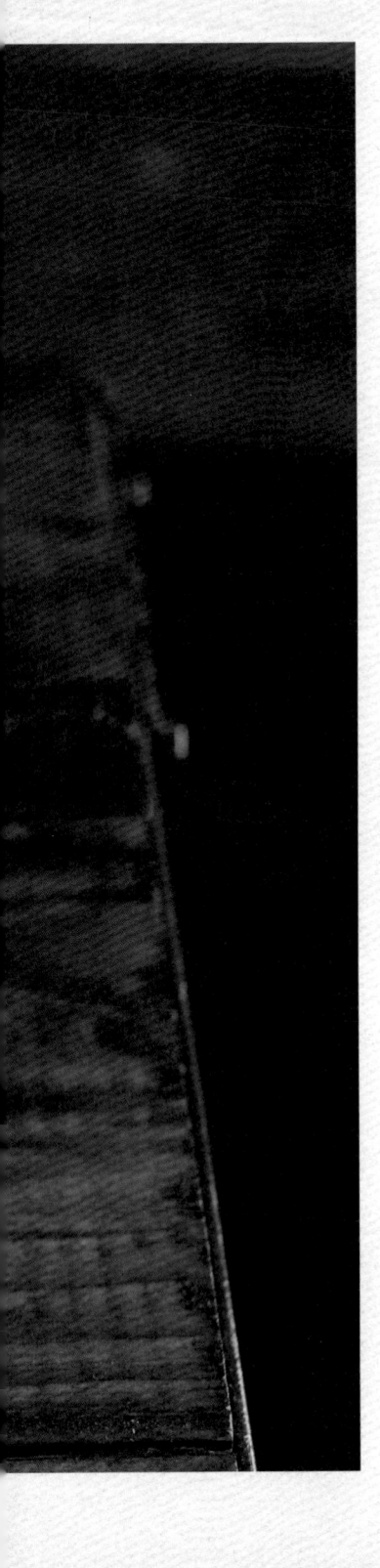

運動前
正餐

香菇瘦肉糙米粥

Shiitake & Pork

材料 / 2人份

糙米	1米杯	蔥	1根
乾香菇	2朵	水或高湯	8米杯
豬肉絲	80g		
胡蘿蔔	50g	**調味料**	
黑木耳	30g	鹽	適量
高麗菜	50g	胡椒粉	1/4小匙
		芝麻香油	1小匙

作法

1　用水浸泡糙米 2-3 小時（或選用免浸泡），乾香菇泡軟後切絲，胡蘿蔔、高麗菜及黑木耳切絲、蔥切蔥白及蔥花備用。

2　以中小火熱油鍋，蔥白下鍋爆香，放入豬肉絲、乾香菇及胡蘿蔔絲炒出香氣，加入糙米及水煮滾，蓋上鍋蓋轉小火煮約 15 分鐘。

3　確認糙米已煮軟，再放入黑木耳、高麗菜煮軟，熄火前加入調味料、撒上蔥花即可享用。

熱量	蛋白質	碳水化合物	脂肪
409kcal	16g	65g	11g

好食課營養師小提醒

耐力運動前來碗香菇瘦肉粥，煮熟的稀飯讓人體吸收快，同時補充碳水化合物，可以快速補給能量。使用糙米烹調也能攝取到更多維生素的營養！

運動前
正餐

香煎馬鈴薯
Potato

材料 / 2人份

馬鈴薯（小）	6顆
雞高湯或水	300cc
義大利綜合香料	1/2小匙
無鹽奶油	1大匙

調味料

海鹽	適量

作法

1 將小馬鈴薯外皮刷洗乾淨後，放入湯鍋，倒入雞高湯，煮滾後轉小火煮至馬鈴薯可用筷子輕鬆插入即可起鍋。

2 起油鍋放入奶油，放入煮熟的小馬鈴薯，用鍋鏟稍微壓成扁平狀，再煎至兩面金黃酥脆。

3 熄火前，撒上綜合香料、海鹽即可享用。

熱量	蛋白質	碳水化合物	脂肪
144kcal	3g	19g	6g

好食課營養師小提醒

1顆馬鈴薯大概可以提供 15-25 克的碳水化合物，非常適合運動前快速補充。除此之外，馬鈴薯還含有豐富鉀離子，如果流汗量大或者常常抽筋，那更不能錯過這道料理！

Amy 料理小訣竅

＋

八寶粥的配料也可以選用個人喜歡的雜糧類，一次多煮一些，使用保鮮盒分裝冷藏、冷凍保存，運動前食用前只要加熱即可享用。

運動前
正餐

八寶粥

Mixed Congee

材料 / 4人份

紫米	50g	紅豆	100g
薏仁	50g	桂圓	30g
蓮子	50g	紅棗	8顆
小米	50g	水	600cc
圓糯米	50g	黑糖	適量

作法

1 將所有材料洗淨，浸泡清水約 6 小時（可於前一晚睡前放冰箱冷藏浸泡）。

2 將浸泡好的材料都放入電鍋內鍋，加入水 600cc，外鍋放 1.5 米杯的水開始蒸煮。

3 開關跳起後再燜 15 分鐘，放入黑糖拌勻即可享用。

熱量	蛋白質	碳水化合物	脂肪
286kcal	12g	59g	2g

好食課營養師小提醒

將雜糧類蒸煮後，澱粉會釋出更多、更易消化吸收，減少運動時腸胃不適問題。如果離運動還有一段時間，可以搭配牛奶一起食用！

運動前
正餐

烤 地 瓜 薯 條

Sweet Potato

材料 / 4人份

地瓜	2大條
食用油	1大匙

調味料

大蒜粉	1小匙
胡椒粉	適量
海鹽	適量

作法

1 削去地瓜外皮並切成長條狀,將地瓜條泡在水裡 30 分鐘,讓地瓜澱粉釋出,可讓烤地瓜薯條口感更酥脆。

2 取出地瓜條,沖洗掉多餘澱粉,再用紙巾擦乾水分,將地瓜條放調理碗裡,淋上食用油、調味料拌勻。

3 平鋪在烤盤上,放進烤箱或氣炸鍋,以 200 度烤約 15-18 分鐘(視地瓜薯條的粗細),烤至金黃酥脆即可享用。

熱量	蛋白質	碳水化合物	脂肪
201kcal	2g	39g	4g

好食課營養師小提醒

你喜歡吃薯條嗎?運動前要減少油脂攝取,所以試試烤的方式吧!地瓜本身比較容易產氣,如果平常會脹氣,可以試著去皮、減少份量,或者提前一點吃喔!

Sports Nutrition

運動後
食譜
Recipes

＊ 本書食譜使用的糖為「三溫糖」，在超市及大賣場都能買得到。
＊「運動後食譜」的營養分析皆為一人份。

運動後
飲品

黃豆蔬果元氣飲
Soy Beans & Vegetables

材料 / 1人份

胡蘿蔔	50g
小松菜	30g
高麗菜	30g
香蕉	50g
堅果	1大匙
豆漿	200cc

作法

1 煮一鍋熱水，放入蔬菜類汆燙一下後瀝乾水分，胡蘿蔔、香蕉切塊備用。

2 將所有材料放入果汁機或調理機，打成汁即可飲用。

熱量	蛋白質	碳水化合物	脂肪
183kcal	11g	20g	9g

好食課營養師小提醒

運動後有點餓嗎？黃豆蔬果元氣飲不到 200 大卡，又能帶來滿滿飽足感，同時提供 10 克的蛋白質，最適合運動後飲用！

運動後
飲品

黑芝麻核桃牛奶
Black Sesame & Walnut

材料 / 1人份

熟的黑芝麻粒	30g
核桃	1大匙
牛奶	250cc

作法

將所有材料放入果汁機或調理機中，打成滑順口感即可飲用。

熱量	蛋白質	碳水化合物	脂肪
394kcal	**14**g	**19**g	**32**g

好食課營養師小提醒

核桃含有健康的不飽和脂肪酸，也含有許多抗氧化和抗發炎物質，可以幫助加強保護力，目前也有研究發現補充核桃有助於維持腦部正常的認知功能哦！

運動後
飲品

酪梨蜂蜜牛奶

Avocado & Honey

材料 / 1人份

酪梨	半顆
蜂蜜	1小匙
冰塊	適量
牛奶	300cc

作法

1 將酪梨切半、取出果肉切塊備用。
2 將所有材料放入果汁機或調理中,打成滑順口感即可飲用。

熱量	蛋白質	碳水化合物	脂肪
265kcal	11g	26g	15g

好食課營養師小提醒

本書的飲品設計中多用蜂蜜來調味,其實是因為蜂蜜的糖容易被
人體吸收,搭配牛奶或豆漿等富含蛋白質的飲料,在運動中或運
動後喝有助於肌肉恢復與生長!

運動後
飲品

可可豆漿
Cocoa & Soy Bean Milk

材料 / 1人份

100%純可可粉	30g
豆漿	250cc
堅果粉	1大匙

作法

先將豆漿加熱，再加入可可粉、堅果粉拌勻即可飲用。

熱量 **261**kcal　蛋白質 **17**g　碳水化合物 **17**g　脂肪 **17**g

好食課營養師小提醒

可可具有抗氧化、抗發炎的作用，減肥期間有助於降低身體的發炎狀況。純黑巧克力也含有可可，適當控制熱量下當作零嘴、點心吃也不錯，不過白巧克力和牛奶巧克力則沒有這樣的功效喔！

運動後
飲品

夏日蔬果豆奶
Fruit & Vegetables & Soy Bean Milk

材料 / 1人份

蘋果	50g
香蕉	50g
青江菜、花椰菜	50g
堅果	1大匙
豆漿	200cc

＊任一深色蔬菜皆可替代青江菜、花椰菜

作法

1 煮一鍋熱水，放入青江菜、切成小朵的綠花椰菜汆燙，撈
　起瀝乾水分。

2 將所有材料放入果汁機或調理機，打成喜歡的滑順口感即
　可飲用。

熱量	蛋白質	碳水化合物	脂肪
236kcal	11g	25g	13g

好食課營養師小提醒

堅果類有豐富的蛋白質，還有維生素 E 和不飽和脂肪酸，不僅
可以補充肌肉合成所需的材料、增加身體抗氧化能力，還能提
供健康的油脂幫助調節體質。

運 動 後
飲 品

燕 麥 綠 拿 鐵
Oat & Vegetables

材料 / 1人份

高麗菜	50g
熟毛豆	50g
鳳梨	100g
香蕉	50g
即食燕麥片	30g
熟的黑芝麻粒	5g
開水	200cc

作法

1 煮一鍋熱水，放入一片片高麗菜汆燙一下撈起瀝乾水分，香蕉切塊備用。

2 將全部材料放入果汁機或調理機，打成汁即可飲用。

熱量	蛋白質	碳水化合物	脂肪
304kcal	14g	55g	7g

好食課營養師小提醒

毛豆仁是黃豆未完全成熟前先採收下來的豆子，含有碳水化合物和膳食纖維，也是優質的植物性蛋白質食材，市面上也買得到冷凍毛豆仁，是適合放冰箱保存的常備蛋白質食材。

運動後
飲品

高鈣豆穀漿

Black beans & Black Sesame

材料 / 1人份

十穀米飯	100g
煮熟的黑豆	50g
熟的黑芝麻粒	1大匙
溫開水	300cc

作法

將所有材料放入果汁機或調理機中，打成滑順口感即可飲用。

熱量 **390**kcal　蛋白質 **25**g　碳水化合物 **47**g　脂肪 **17**g

好食課營養師小提醒

黑芝麻屬於堅果種子類食材，鈣質含量高，每 10 公克有 147 毫克鈣，滿足 14.7% 每天建議攝取的鈣量了，若喝牛奶會腸胃不適，你一定要試試這杯，用別的方式也能補充鈣質！

**運動後
飲品**

濃厚燕麥牛奶
Oat & Banana & Honey

材料 / 1人份

大燕麥片	30g
香蕉	80g
蜂蜜	1小匙
牛奶	200cc

作法

1 先用熱水將大燕麥片泡軟,香蕉切塊備用。

2 將所有材料放入果汁機,打成滑順口感即可飲用。

熱量	蛋白質	碳水化合物	脂肪
322kcal	11g	50g	10g

好食課營養師小提醒

燕麥已被許多研究證實其膳食纖維量高,特別是含有 β - 聚葡萄糖,有降膽固醇、降血脂的功效,搭配運動和飲食控制還有助於減少腹部脂肪堆積。

南瓜薏仁豆漿

Pumpkin & Job's Tears

材料 / 1人份

蒸熟的南瓜	50g
薏仁粉	30g
堅果	1大匙
豆漿	250cc

作法

將事先蒸熟的南瓜、薏仁粉、堅果放入果汁機，加入豆漿，打成滑順口感即可飲用。

熱量	蛋白質	碳水化合物	脂肪
288kcal	15g	37g	11g

好食課營養師小提醒

薏仁粉屬於全穀雜糧類食材，粉狀相較於完整顆粒的薏仁更好消化，運動後可以更快速吸收入體內提供身體能量，幫助體力恢復！

蔥花拌豆干
Scallion & Dried Tofu

材料 / 2人份

五香豆干	300g
蔥	1根
香菜（芫荽）	適量

醬料

辣豆瓣醬	1大匙
三溫糖	1小匙
素蠔油	1/2大匙
香油	1大匙

作法

1 煮一鍋熱水，將豆干下鍋汆燙，水滾後馬上撈起放涼。

2 將豆干切片、蔥切蔥花、香菜略切碎。

3 取一個調理碗放入所有切好的材料及醬料，拌勻後即可盛盤享用。

熱量	蛋白質	碳水化合物	脂肪
317kcal	26g	9g	21g

好食課營養師小提醒

蔥花拌豆干也可以不加砂糖調味，更適合減脂時期吃，可以提供滿滿的蛋白質和鈣質營養，有助提升代謝力、維持正常的肌肉和神經系統運作哦！

水果隔夜燕麥杯
Oat & Fruit

材料 /1人份

燕麥片	60g
牛奶	200cc
蘋果丁	1/4顆
奇異果	1顆
鳳梨丁	30g
火龍果	30g
蜂蜜	適量
玉米脆片	適量

＊牛奶可以豆漿、優格、
　果汁取代。

作法

1 風靡歐美的冷泡燕麥粥是採隔夜浸泡法讓燕麥充分吸收液體，口感既濃郁又好吃。前一晚將燕麥放入附蓋子的玻璃罐，加入牛奶後拌勻，放至冰箱冷藏一晚。

2 隔天加入喜歡的水果丁，淋上少許蜂蜜、撒上玉米脆片（依個人喜好斟酌）即可享用。

熱量	蛋白質	碳水化合物	脂肪	膳食纖維
459kcal	14g	77g	14g	100g

好食課營養師小提醒

新鮮的水果保有許多維生素營養，奇異果中有維生素 C 可以幫助運動後的細胞組織修復，具有抗氧化作用，可以減少體內的氧化壓力傷害，還能養顏美容！

乳酪蒜香迷你雞塊

Cheese & Chicken

材料 / 2人份

雞胸肉	250g

醃料

蒜末	1小匙
雞蛋	1顆
鹽	1小匙
黑胡椒粉	1小匙
米酒	1大匙

麵衣

麵包粉	4大匙
乳酪粉	2大匙
蒜末	1大匙
紅椒粉	1大匙

作法

1 將雞胸肉切成小塊,加入醃料抓醃入味,至少醃漬30分鐘。

2 將麵衣材料拌勻,將醃好的雞肉均勻沾上麵衣,放至烤盤上靜置 3-5 分鐘使其返潮,麵衣才不易脫落。

3 放進已預熱好的烤箱,以 180 度烘烤約 12 分鐘,待表面金黃即可出爐,也可以起油鍋用油炸方式炸至金黃。

熱量	蛋白質	碳水化合物	脂肪
263kcal	36g	8g	8g

好食課營養師小提醒

雞胸肉是 CP 值很高的低脂高蛋白食材,切小塊一口吃剛好,還可以保有肉汁,起司也可以補充鈣質,減脂時期吃沒有罪惡感,增肌時期還可以再配一杯含糖飲品!

Amy 料理小訣竅

+

雞肉塊可在前一天先醃漬冷藏入
味,隔天再裹粉炸至定型;未食
用完的雞米花放冷凍保存,下一
餐可撒上乳酪絲做成焗烤口味。

運動後
點心

自 製 優 格 鮮 果 杯
Yogurt & Fruit

材料 / 4人份

牛奶	1000cc
優格菌粉	10g
玉米脆片	20g
水果丁	適量
蜂蜜	1大匙

作法

1 取一個消毒乾淨的容器，放入牛奶、優格菌粉拌勻。

2 放入電鍋保溫或優格機，約 8-10 小時即可完成優格。

3 取適量優格放入容器裡，搭配喜歡的水果丁、玉米脆片，
淋上蜂蜜即可享用。

熱量	蛋白質	碳水化合物	脂肪
202kcal	8g	20g	10g

好 食 課 營 養 師 小 提 醒

這是運動後可以快速準備的高糖蛋白質點心，水果、蜂蜜和優
格都好消化吸收，可以急速補充能量，優格還含有益菌可以幫
助維持腸道健康。如果胃口不錯的話，可以多吃一點補充更多
蛋白質喔！

Amy 料理小訣竅

+

除了使用優格菌粉，也可用牛奶 900cc+ 市售優酪乳 100cc 混合後做成優格，使用的容器絕不能有任何水分及油脂。製作優格的最佳發酵溫度是 42-45℃的環境中，大約 8-10 小時即能完成（完成時間視夏或冬季而定），若溫度太高容易造成失敗；完成的優格可冷藏保存，約 4-5 天內是最佳賞味期。

玉米起司蛋餅

Corn & Cheese

材料 / 1人份

中筋麵粉	60g
地瓜粉	20g
雞蛋	1顆
水	120cc
鹽	1/2小匙
蔥花	1大匙
玉米粒	適量
乳酪絲	適量

＊玉米粒可使用罐頭玉米。

作法

1 將雞蛋打散在碗中，加入鹽、水拌勻，再加入中筋麵粉、地瓜粉、蔥花拌勻為蛋餅麵糊。

2 熱油鍋後，取一大杓麵糊下鍋，稍微攤平後，以小火煎至兩面上色。

3 在蛋餅皮一邊放上玉米粒、乳酪絲，再捲成蛋餅狀，煎至上色即可起鍋。

熱量	蛋白質	碳水化合物	脂肪
463kcal	18g	75g	10g

好食課營養師小提醒

雞蛋也是很好的蛋白質來源，一顆蛋就有 7 公克蛋白質，還含有葉黃素，可以幫眼睛吸收藍光、紫外線，保護眼睛減少自由基的傷害。

Amy 料理小訣竅

＋

可先在前一晚把麵糊先調製好，放冰箱冷藏，約 2 天內使用完畢。地瓜粉也可用太白粉（馬鈴薯澱粉）替代。

腐皮餛飩湯
Dumpling Soup

材料 / 4人份

豬絞肉	300g
千張或餛飩皮	1包
小白菜	適量
蔥花	適量
鹽	少許

包餡調味料

薑末	10g
醬油	1小匙
鹽	1小匙
香油	1小匙
白胡椒粉	1/4小匙
水 約	20cc

作法

1 將豬絞肉與所有調味料放入大碗裡以順時針攪拌，過程中分次加入少許的水，一邊攪拌至絞肉完成吸收水分且拌至產生黏性。

2 取一張千張，將絞肉抹在千張上，先對折再將兩個角捏緊，包完所有餛飩，完成後可分裝冷凍保存一個月。

3 準備一鍋水煮滾，將餛飩下鍋煮熟，放入小白菜、蔥花，加入少許的鹽做調味即可享用。

熱量	蛋白質	碳水化合物	脂肪
274kcal	28g	3g	16g

好食課營養師小提醒

千張是以黃豆製成的豆腐皮，含有優質的植物性蛋白質和些許碳水化合物，薄薄一片熱量低，蛋白質含量卻很高，是近期深受運動、減醣族群關注的新興食材。

烤蔥花吐司

Scallion & Toast

材料 / 1人份

厚吐司	1片
無鹽奶油	1小匙
青蔥	1根
雞蛋	1顆
黑胡椒粉	少許
鹽	1/8小匙

作法

1 切好蔥花放入碗中,再加入雞蛋、黑胡椒粉及鹽拌勻為蔥花蛋汁。

2 在厚吐司上輕劃十字(不要切開),抹上無鹽奶油,放進烤箱以 180 度烘烤約 3 分鐘後取出。

3 在吐司上淋蔥花蛋汁,繼續烤至表面金黃上色即可出爐(烤約 8-10 分鐘)。

熱量	蛋白質	碳水化合物	脂肪
374kcal	16g	46g	15g

好食課營養師小提醒

烤蔥花吐司的碳水化合物與蛋白質比例剛好是 3:1,有部分的蛋白質來自吐司,這樣的搭配很適合作為耐力型運動後的能量補充點心。

香煎鯖魚佐檸檬鹽

Mackerel & Lemon Salt

材料 / 2人份

薄鹽鯖魚	1尾

檸檬椒鹽

檸檬	1顆
海鹽	1小匙
胡椒粉	1小匙

作法

1 稍微清洗薄鹽鯖魚，擦乾備用；刷洗檸檬外皮，用刨刀刨下半顆檸檬皮屑（綠色部份），半顆檸檬切成檸檬片備用。

2 以中小火熱鍋，讓魚皮朝下，煎至兩面金黃香酥，即可起鍋。

3 將檸檬皮屑加入鹽及胡椒粉中，拌勻為檸檬椒鹽，搭配煎好的鯖魚一起享用。

熱量	蛋白質	碳水化合物	脂肪
425kcal	15g	2g	40g

好食課營養師小提醒

鯖魚是 Omega-3 不飽和脂肪酸（DHA、EPA）含量比例最高的魚類！許多研究證實，補充 Omega-3 不飽和脂肪酸可以幫助肌肉損傷恢復，非常適合進行肌力訓練的人納入常備菜單！

運動後
正餐

法式紙包魚

Salmon

材料 / 2人份

鮭魚排	200g
小番茄	5顆
蘆筍	5根
玉米筍	5根
百里香或迷迭香	適量
檸檬	1顆
黑胡椒粉	1/4小匙
海鹽	1/3小匙
白葡萄酒	20cc
橄欖油	1大匙

作法

1 洗淨鮭魚排並擦乾,兩面均勻抹上海鹽及黑胡椒粉醃漬10 分鐘,再次擦乾備用;小番茄切半、半顆檸檬切片、半顆榨汁。

2 以烘焙紙鋪底,放上蘆筍檸檬片、魚排、香草,小番茄、玉米筍,淋上白葡萄酒及橄欖油,用烘焙紙包起來。

3 放入預熱好的烤箱或氣炸鍋,以烤溫 200℃烤約 12 分鐘,烤好後打開,擠上檸檬汁即可享用。

熱量	蛋白質	碳水化合物	脂肪
247kcal	26g	3g	14g

好食課營養師小提醒

將食材通通包入烘焙紙、放進烤箱,洗個澡出來就能享用美味的料理!法式紙包魚幾乎沒有碳水化合物,是運動後減脂的首選!

運動後
正餐

蒜香辣味蝦

Shrimp

材料 / 4人份

鮮蝦	12尾
蒜頭	5瓣
辣椒	1根
蔥	1根
橄欖油	1大匙
米酒	1大匙

調味料

白胡椒粉	2小匙
黑胡椒粉	2小匙
鹽	1小匙

作法

1 將蒜頭切成蒜末、辣椒切碎、青蔥切成蔥白和蔥綠；剪去蝦鬚、蝦腳，開蝦背去除腸泥，用少許鹽及米酒（份量外）稍微醃漬去腥。

2 開中火起油鍋，鮮蝦下鍋香煎至上色後推至鍋邊，蒜末、蔥白及辣椒下鍋爆香。

3 加入調味料拌炒均勻，從鍋邊嗆入 1 大匙米酒，撒上蔥綠即可起鍋。

熱量	蛋白質	碳水化合物	脂肪
148cal	24g	1g	5g

好食課營養師小提醒

不到 200 大卡的料理提供將近 25 克的蛋白質，愛運動的你如果正在減脂，想要控制好熱量選它就沒錯！

運動後
正餐

海 鮮 什 錦 炒 麵
Seafood & Noodles

材料 / 1人份

蝦仁	8尾
中卷	1尾
蛤蜊	10顆
蔥	1根
洋蔥	1/4顆
高麗菜	50g
胡蘿蔔	20g
高湯或水	100cc
烏龍麵或白麵	100g

調味料

鹽、胡椒粉	適量
香油	1小匙

作法

1 青蔥切成蔥白和蔥綠，洋蔥、胡蘿蔔及高麗菜切絲，備用。
2 中卷切圈，蛤蜊先吐沙備用。
3 以中火熱油鍋，放入蔥白、洋蔥炒出香氣，海鮮下鍋炒至七分熟先起鍋。
4 胡蘿蔔、高麗菜及麵條下鍋拌炒，加入高湯煮滾。
5 放回海鮮，加調味料拌炒均勻，撒上蔥綠即可起鍋。

熱量	蛋白質	碳水化合物	脂肪
422kcal	50g	45g	7g

好食課營養師小提醒

運動量大一定要補充碳水化合物與蛋白質！海鮮什錦炒麵，熱量大約比市售便當低一半，但蛋白質含量卻高於市售便當將近1.5 倍，若其他餐次蔬菜吃得不多可以自行增加高麗菜、洋蔥量，提升膳食纖維。

運動後
飲 品

蛤 蜊 鮮 魚 湯
Calm & Fish

材料 / 2人份

魚肉切片	200g	海鹽	適量
蛤蜊	15顆	胡椒粉	適量
蔥（只用蔥綠）	1根	米酒	1大匙
嫩薑	1小塊	芝麻香油	1小匙
水	500cc		

作法

1 準備鹽水讓蛤蜊先吐沙（加入 3% 鹽水到蛤蜊高度一半），靜置於20℃的陰暗處約2小時，並蓋上報紙，避免吐沙弄髒廚房，倒掉鹽水，再用清水搓洗蛤蜊後，即可用於料理。

2 魚肉片解凍後用清水沖洗乾淨，青蔥切成蔥花、嫩薑切絲備用。

3 取一個湯鍋加入水，以中火煮滾後，放入魚片、薑絲及蛤蜊，煮至蛤蜊開口後，加入海鹽、胡椒粉調味，熄火前加入米酒、蔥花即完成。

熱量	蛋白質	碳水化合物	脂肪
144kcal	19g	3g	6g

好食課營養師小提醒

運動完滿身是汗，天氣冷時總是特別容易流鼻水；回家先來一碗暖暖的熱湯，一小碗即含有將近 20 克的蛋白質，不管是男生、女生都可以一次補足所需的蛋白質喔！

運動後
正餐

蔥燒鮭魚

Salmon

材料 / 2人份

鮭魚排	250g
蔥	2根
薑	20g
蒜粒	5瓣
辣椒	1根
黑胡椒粉	1小匙

調味料

醬油	1大匙
醬油膏	1/2大匙
三溫糖	1小匙
米酒	2大匙
水	30cc

作法

1 洗淨鮭魚排並擦乾,蔥切成蔥白及蔥綠,薑切絲、辣椒切斜片備用。

2 以中小火熱油鍋,鮭魚排下鍋煎至兩面金黃後推至鍋邊,加入蒜粒、蔥白、薑絲、辣椒拌炒出香氣。

3 淋上調味料,將魚肉煮至入味,稍微收乾醬汁後,加入蔥綠撒上黑胡椒粉即可盛盤。

熱量	蛋白質	碳水化合物	脂肪
425kcal	15g	2g	40g

好食課營養師小提醒

鮭魚含有豐富的多元不飽和脂肪酸,是非常推薦的運動料理食材。每週攝取 2-3 次富含油脂的魚類,可以讓我們更容易達到適當的不飽和脂肪酸與飽和脂肪酸比例,讓身體更健康!

運動後
正餐

海鮮蔬菜煎餅

Seafood & Vegetables

材料 / 2人份

蝦仁	10尾
中卷	1尾
高麗菜絲	50g
胡蘿蔔絲	20g
蔥花	2大匙

麵糊

中筋麵粉	100g
雞蛋	1顆
水	150cc
鹽	1小匙

作法

1 蝦仁去除腸泥，中卷去除外皮切成圈狀。

2 準備一個調理碗，調製好麵糊備用。

3 起油鍋，先放蝦仁及中卷炒至半熟，再加入胡蘿蔔絲、高麗菜拌炒一下，先起鍋放涼。

4 將炒好的海鮮料放入調好的麵糊中拌勻。

5 以小鍋熱鍋後，倒入海鮮麵糊稍微攤平，煎至兩面金黃上色即可起鍋。

熱量	蛋白質	碳水化合物	脂肪
269kcal	20g	41g	3g

好食課營養師小提醒

除了飯、麵之外，偶爾來點不一樣的煎餅！中筋麵粉是好吸收的澱粉，平常不建議太常吃，但別忘了運動後肌肉會加強醣類的吸收，所以運動後來個海鮮煎餅，享受美味的同時也不用擔心喔！

運動後
飲品

泰式涼拌花枝

Cuttlefish

材料 / 2人份

花枝	1隻
彩椒	各半顆
洋蔥	1/4顆
小番茄	10顆
香菜（芫荽）	1株

泰式酸辣醬

蒜末	1大匙
紅蔥頭	2大匙
辣椒末	2大匙
香菜梗	30g
檸檬汁	50cc
三溫糖	2大匙
魚露	1大匙
開水	2大匙

作法

1 將花枝切花，彩色甜椒及洋蔥切絲、小番茄切半、香菜略切碎備用。

2 洋蔥絲泡冰塊水10分鐘，可去除辛辣味並增加清脆口感，另將汆燙好的花枝放入冰塊水中冰鎮、可保持花枝的脆度及鮮甜。

3 調製泰式酸辣醬汁，在大沙拉碗裡放入海鮮、彩椒、洋蔥及小番茄，淋上酸辣醬汁、香菜拌勻，待冷藏半小時入味更好吃。

熱量	蛋白質	碳水化合物	脂肪
254kcal	30g	39g	2g

好食課營養師小提醒

運動總是容易口乾舌燥、熱到吃不下東西，這時候來點泰式涼拌花枝清涼易入口，酸甜的風味能增加食慾！調味有使用精製糖，所以更適合耐力運動或者消耗更多能量的時候補充喔！

運動後
正餐

豬肉味噌湯
Pork & Miso

材料 / 2人份

豬肉片	200g
洋蔥	1/4顆
牛蒡	50g
白蘿蔔	50g
胡蘿蔔	50g
蔥花	適量
味噌	2大匙
水	1000cc

＊水以日式昆布高湯取代更佳。

作法

1 洋蔥切絲、豬肉片切小片、牛蒡及蘿蔔都切小片。

2 以中小火起油鍋，先爆香洋蔥，再加入豬肉片一起拌炒。

3 放入牛蒡及蘿蔔，加水 1000cc 煮滾，煮至蔬菜變軟即可熄火，加入味噌均勻溶解在湯中，撒上蔥花即可享用。

熱量	蛋白質	碳水化合物	脂肪
290cal	22g	17g	15g

好食課營養師小提醒

豬肉是台灣人最常食用的肉類，在部位挑選上可以多使用里肌肉、後腿肉，確保較低的熱量以及飽和脂肪；飲食中減少飽和脂肪就可以降低三高、心血管疾病的風險。

運動後
正餐

薑汁燒肉
Ginger & Pork

材料 / 2人份

梅花豬肉片	200g
洋蔥	1/4顆
薑	20g
蔥花	適量
熟的白芝麻粒	適量

醃肉醬汁

日式醬油	2大匙
味醂	2大匙
清酒	2大匙

作法

1 薑切細末、洋蔥切絲備用。

2 梅花豬肉片加入醃肉醬汁及一半的薑末拌勻，醃漬 15 分鐘後濾出醬汁備用。

3 以中小火起油鍋，薑末下鍋炒出香味，再加入醃漬入味的梅花肉一起拌炒。

4 加入洋蔥絲及醬汁，轉小火煮至洋蔥變軟，撒上蔥花、白芝麻粒即可盛盤。

熱量	蛋白質	碳水化合物	脂肪
289kcal	21g	14g	14g

好食課營養師小提醒

薑汁燒肉作為主菜提供大約 300 大卡的熱量；在烹調上可以根據個人口味減少味醂使用量，不僅可以降低熱量，更能將精製糖減量，會更加適合減脂減重！

**運動後
正餐**

蒜泥白肉
Garlic & Pork

材料 / 4人份	
五花肉	600g
青蔥	1根
薑片	3片
米酒	1大匙

沾醬	
蒜末	1/2大匙
辣椒末	適量
烏醋	1小匙
醬油	1大匙
三溫糖	1小匙
香油	1小匙
開水	1大匙

作法

1 煮一鍋滾水,放入五花肉汆燙,取出洗淨。青蔥切段備用。

2 另起一湯鍋,水滾後加入青蔥、薑片、五花肉及米酒,待水再度大滾後蓋上鍋蓋,轉小火慢煮 30 分鐘。

3 熄火後利用餘溫繼續燜泡 10 分鐘,取出五花肉放入冰水中冰鎮降溫。

4 將沾醬材料調勻,可依喜歡的口味增減蒜末及烏醋的比例,將放涼的五花肉切片狀,搭配調好的沾醬一起享用。

熱量	蛋白質	碳水化合物	脂肪
574kcal	22g	2g	52g

好食課營養師小提醒

這是一道方便的「作弊」料理。有時候想要偶爾放鬆、享受一些美食,蒜泥白肉就會是快速又好吃的菜色選項!豬五花脂肪較高,熱量、脂肪較一般肉類高上許多;建議在耐力運動後吃,先消耗大量的熱量,再愉快的補充,只要有足夠的運動,在享受美食的時候就不用太擔心!

運動後
正餐

麻油菇菇雙拼
Seasame Oil & Mushrooms

材料 / 2人份

雞胸肉	150g	枸杞	1大匙
霜降豬肉	200g	蔥	1根
鴻喜菇	1包	黑麻油	1大匙
雪白菇	1包	米酒	60cc
老薑	20g	鹽	適量

作法

1 豬肉與雞胸肉切片、老薑切片、蔥切蔥花、菇類去蒂頭剝成小束。

2 黑麻油、薑片先下鍋，開小火慢慢煸出香氣，待薑片邊緣微捲時轉中火，放入豬肉片與雞胸肉拌炒上色。

3 加入菇類炒軟，倒入米酒、枸杞煮至酒精揮發，熄火前加鹽調味，撒上蔥花即可盛盤。

熱量	蛋白質	碳水化合物	脂肪
383kcal	30g	11g	21g

好食課營養師小提醒

菇類含有豐富的膳食纖維與多醣體，可以幫助腸道健康，也有研究指出多醣體可以提升免疫功能。

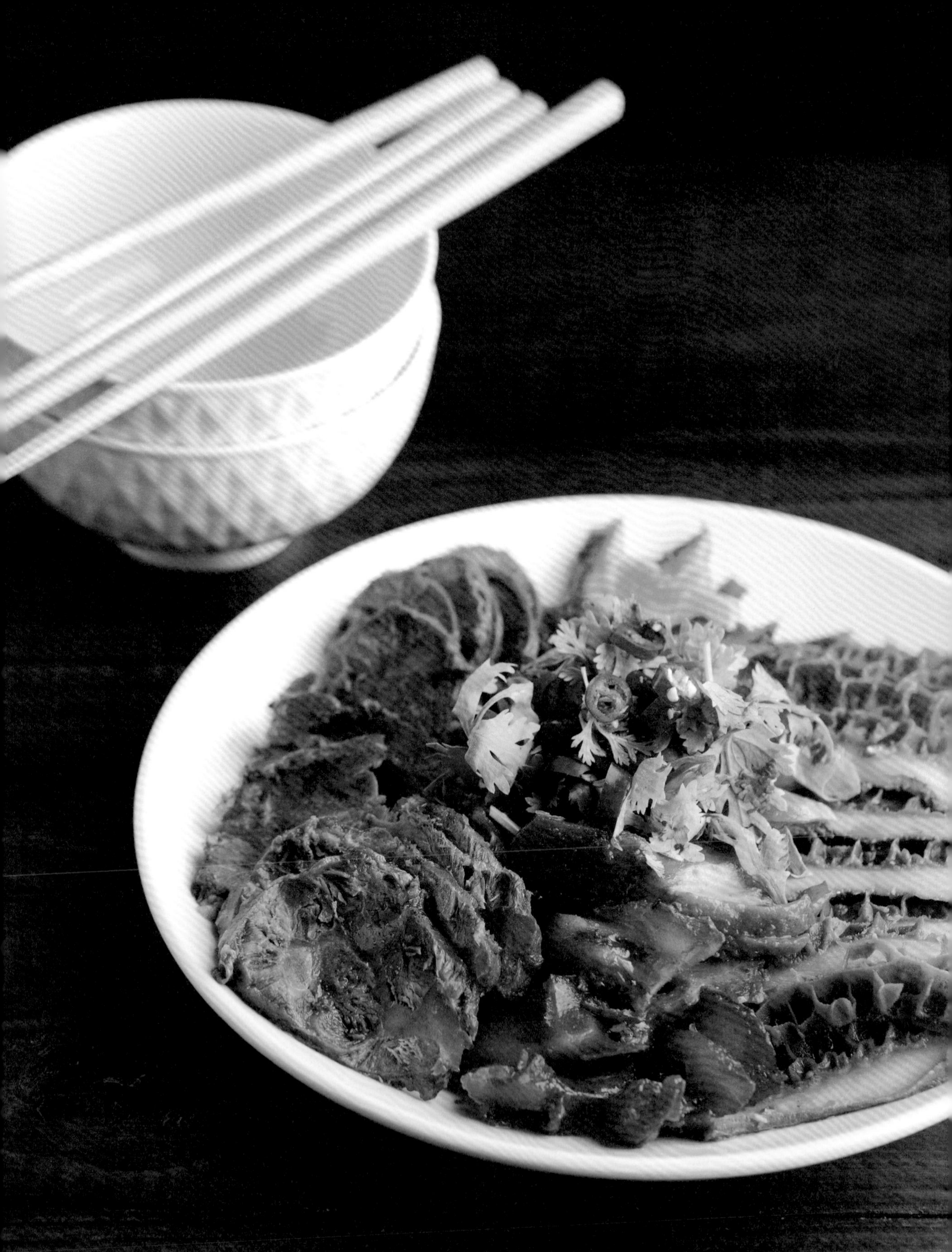

運動後
正餐

牛肉綜合滷味

Stewed Beef

材料 / 4人份

牛腱	1000g
牛筋	500g
牛肚	1片

滷汁

醬油	120cc
米酒	30cc
水	500cc

辛香料

帶皮蒜頭	2瓣
薑片	3片
蔥	2根
辣椒	1根
滷包	1包
三溫糖	1大匙
八角	12粒

作法

1 煮一鍋熱水，將牛腱、牛筋、牛肚分別汆燙乾淨，帶皮蒜頭拍裂備用。

2 準備滷汁的部分，在內鍋中加入所有辛香料加入 500cc 的水（可依照個人喜好微調）後放入電鍋中，外鍋倒入 1 米杯的水，蓋上鍋蓋按下開關鍵，待跳起後就完成滷汁，

3 將汆燙好的牛腱、牛筋、牛肚放入滷汁中，外鍋倒入 2 米杯水後開始燉煮，開關跳起，利用保溫功能繼續燜 1 小時，放涼後移至冰箱冷藏入味。

4 隔天再用電鍋續煮，外鍋一米杯水加熱，視情況可將牛腱及牛肚先取出，不容易煮軟的牛筋可繼續蒸煮至喜歡的軟嫩口感。

熱量	蛋白質	碳水化合物	脂肪
368kcal	55g	3g	15g

好食課營養師小提醒

牛腱、雞胸、海鮮是運動族群最佳的蛋白質來源，滷牛肉冷熱都好吃，非常適合帶便當或利用假日做成冰箱常備菜，運動後就能立即補充蛋白質！

運動後
正餐

蔥爆牛肉

Fried Beef

材料 / 2人份		醃料		調味料	
牛肉絲	250g	醬油	1/2大匙	蠔油	1大匙
蔥	2根	蠔油	1大匙	黑胡椒粉 適量	
蒜頭	3瓣	米酒	1大匙		
辣椒	1根	太白粉	1大匙		

作法

1　將牛肉絲與醃料拌勻，蒜頭切片、蔥切段、辣椒切斜段備用。

2　以中火熱油鍋，將醃漬好的牛肉絲下鍋炒至五分熟後先起鍋，
　再將蔥白、蒜片下鍋爆香。

3　倒入炒半熟的牛肉及調味料，轉中大火拌炒入味，熄火前加
　入辣椒、蔥綠拌炒均勻即可盛盤。

熱量	蛋白質	碳水化合物	脂肪
214kcal	26g	16g	5g

好食課營養師小提醒

牛後腿肉脂肪少，是適合從事肌力運動，想補充更多蛋白質又不
用擔心熱量的好選擇！

運動後
正餐

無 水 番 茄 牛 肉
Tomato & Beef

材料 / 4人份

牛肉	500g
洋蔥	2顆
牛番茄	5顆
西洋芹	2根
月桂葉	2片
蒜頭	3瓣
橄欖油	1大匙
不甜的白葡萄酒	60cc
鹽、黑胡椒粉	適量

＊牛肉亦可挑選牛肋
　條、牛腱、牛梅花
　肉、無骨牛小排

作法

1 牛肉切塊、洋蔥、牛番茄切塊、西洋芹去除粗纖維切小段、蒜頭略拍裂備用。

2 取一個燉鍋，以中火熱鍋後加入 1 大匙橄欖油，牛肉塊下鍋煎至表面上色後，先起鍋備用。

3 沿用原鍋，放入洋蔥、蒜頭下鍋炒出香氣，再放入番茄、牛肉、西洋芹、月桂葉，倒入白葡萄酒煮滾。

4 蓋上鍋蓋，轉小火慢燉 50 分鐘，開蓋後，加入適量的鹽、黑胡椒粉調味，即可享用（隔餐享用更加美味）。

熱量	蛋白質	碳水化合物	脂肪
404kcal	28g	32g	21g

好食課營養師小提醒

牛番茄、洋蔥、芹菜等大量蔬菜，含豐富膳食纖維，可以增加飽足感。但牛肋條脂肪含量稍高，如果想減少熱量攝取，主食建議搭配馬鈴薯、地瓜等根莖類食物，就能調整成熱量適中的一餐囉！

**運動後
正餐**

彩椒牛肉串燒
Beef & Bell Pepper

材料 / 2人份

牛肉	200g	海鹽	適量
彩椒	半顆	黑胡椒粉	適量
洋蔥	1/4顆	橄欖油	1大匙

作法

1 將牛肉切成適口大小，撒上適量鹽、黑胡椒粉及橄欖油，醃漬10分鐘使其入味。
2 將洋蔥、彩椒切成適口大小，用竹籤將牛肉塊、彩椒、洋蔥互串在一起。
3 在鐵鍋內抹油燒熱，放進烤肉串煎烤至八分熟即可起鍋享用。

熱量	蛋白質	碳水化合物	脂肪
425kcal	16g	7g	37g

好食課營養師小提醒

從事耐力運動會加強心肺能力，這時候製造紅血球的鐵質就十分重要，長期從事耐力運動的族群不妨在飲食中多加入一點牛肉的元素，吃進鐵質幫助運動更輕鬆！如果想要低熱量、低油脂一點，可以替換成菲力、板腱、牛腱的部位喔！

運動後
正餐

鹹 水 雞 拌 鮮 蔬
Chicken & Vegetables

材料 / 2人份

雞胸肉	250g
花椰菜	80g
茭白筍	2根
玉米筍	5根
四季豆	60g
蔥花	1大匙
蒜末	2大匙
嫩薑末	1大匙
辣椒末	適量

醃料

鹽	2小匙
五香粉	1/3小匙
米酒	1大匙

調味料

胡椒鹽	2小匙
鹽	適量
芝麻香油	1大匙

作法

1 用醃料抹勻雞胸肉，可冷藏醃漬約 1 小時使其入味，再放入電鍋蒸熟（外鍋約半米杯水），開關跳起後，利用餘溫燜 10 分鐘再取出放涼。

2 洗淨花椰菜並切小朵、茭白筍去殼切塊、四季豆切段備用。

3 將切好的蔬菜也放入電鍋蒸熟，下層蒸雞肉、上面蒸蔬菜，待電鍋蒸氣出現後，讓蔬菜大約蒸 5-6 分鐘即可先取出放涼。

4 將蒸好的雞肉剝成雞絲，連同雞湯汁都放入調理碗中，依序加入蒸好的蔬菜、蒜末、嫩薑末、辣椒末、調味料一起拌勻，撒上蔥花即可享用。

熱量	蛋白質	碳化合物	脂肪
253kcal	31g	7g	10g

好食課營養師小提醒

花椰菜、茭白筍、玉米筍都擁有非常豐富的纖維，搭配低脂的雞胸肉，完全就是健身族群最適合的晚餐與宵夜！擔心太鹹？只要你有認真運動流汗偶爾享受一下絕對沒問題！

運動後
正餐

洋蔥雞肉蓋飯

Onion & Chicken

材料 / 1人份

糙米飯	1碗
去骨雞腿肉	1隻
洋蔥	半顆
雞蛋	1顆
蔥花	1大匙

醬汁

日式醬油	2大匙
味醂	1大匙
清酒	1大匙
開水	60cc

作法

1 將去骨雞腿肉切成適口大小的塊狀、洋蔥切絲、雞蛋稍微打散。

2 以中小火熱鍋後，讓去骨雞腿肉的雞皮朝下，煸出油脂後煎至上色，加入洋蔥絲一起拌炒出香氣。

3 淋上醬汁煮滾後，蓋上鍋蓋轉小火燜煮約 3 分鐘，開蓋後淋上蛋汁馬上熄火，蓋上鍋蓋再燜 1 分鐘，讓蛋汁稍微凝固。

4 開蓋後，將煮好的洋蔥雞肉連同醬汁一起倒入已裝有糙米飯的碗中，撒上蔥花即可享用。

熱量	蛋白質	碳水化合物	脂肪
742kcal	**40**g	**90**g	**22**g

好食課營養師小提醒

運動後補充碳水化合物：蛋白質 2-4：1 是最佳補給比例，蓋飯可以說是最佳選項之一，一碗輕鬆達標，還能添加更多洋蔥、喜歡的蔬菜，變成均衡、美味的一餐！

Amy 料理小訣竅

+

雞胸肉可先醃漬好再分裝冷凍保存，料理前解凍後，即可下鍋烹煮。煎至上色的雞胸肉起鍋後需靜置一會兒再切，口感會更加鮮嫩多汁。

運動後
正餐

香料雞胸肉沙拉

Spices & Chicken

材料 / 2人份

雞胸肉	250g
綜合生菜	80g
小番茄	5顆
堅果	1大匙

醃料

鹽	1小匙
煙燻紅椒粉	1小匙
義大利綜合香料	1/2小匙
橄欖油	適量

油醋醬汁

橄欖油	2大匙
巴薩米克醋	1大匙
檸檬汁	1大匙
鹽、黑胡椒粉	少許

作法

1 將醃料抹勻在雞胸肉上醃漬入味（可事先醃漬冷藏半天），洗淨生菜、小番茄切半，調製油醋醬汁備用。

2 以中小火熱鍋後，將雞胸肉下鍋煎至兩面金黃上色，起鍋放涼再切成片狀。

3 先以生菜鋪底，放上切好的香料雞胸肉、小番茄，撒上堅果，淋上油醋醬汁即可享用。

熱量	蛋白質	碳水化合物	脂肪
332kcal	31g	5g	21g

好食課營養師小提醒

常聽到運動的朋友都在吃雞胸肉，但又不知道怎麼烹調？其實搭配香料是好的料理方式！用天然的食材調味，減少使用精製糖、醬料，可以吃到營養密度更高、更健康的料理！

運動後
正餐

嫩雞菇菇炒鮮蔬

Chicken & Mushroom

材料 / 2人份

雞胸肉	200g
鴻喜菇	1包
蘆筍	100g
彩色甜椒	1/4顆
蒜頭	2瓣
鹽、胡椒粉	適量

作法

1 以逆紋方式將雞胸肉切成長條狀、鴻喜菇切去蒂頭剝成小束狀、蘆筍切段、彩椒切長條狀、蒜頭切片備用。

2 以中小火熱鍋後，鴻喜菇先下鍋煸至水份釋出，炒至上色後推至鍋邊，倒入 1 大匙油，加入蒜片、雞肉炒至上色。

3 依序加入蘆筍、彩椒，再將所有食材一起拌炒均勻，起鍋前加入適量鹽、胡椒粉調味，即可盛盤享用。

熱量	蛋白質	碳水化合物	脂肪
147kcal	**26**g	**6**g	**2**g

好食課營養師小提醒

一盤嫩雞菇菇炒鮮蔬包含了足夠的蛋白質以及蔬菜類，只要再搭配一碗五穀飯就是均衡的一餐！可以根據每次的運動量調整飯量，運動時間短或者想減脂就吃個半碗；運動強度高、時間長就可以將飯量增加。

運動後
正餐

肉末燒豆腐

Ground Meat & Tofu

材料 / 4人份		醃料		調味料	
雞胸肉	250g	醬油	2小匙	豆瓣醬	1大匙
板豆腐	1盒	太白粉	2小匙	醬油	2小匙
蔥	1根	黑胡椒粉	1小匙	三溫糖	1小匙
蒜末	1大匙	香油	2小匙	鹽	適量
薑末	1小匙				
水	80cc				

作法

1 雞胸肉剁成肉末，加入醃料拌勻醃漬 10 分鐘；青蔥切成蔥白及蔥花、板豆腐分別切成 2cm 厚片狀。

2 以中火熱油鍋，蒜末、蔥白、薑末下鍋爆香，再加入所有調味料炒出香氣。

3 醬料推至鍋邊，倒入醃漬好的雞絞肉炒至鬆散狀，再拌入醬料炒至上色。

4 加入板豆腐、水，蓋上鍋蓋轉小火燜煮約 5 分鐘，開蓋後轉中大火，稍微收乾湯汁，最後撒上蔥花即可盛盤享用。

熱量	蛋白質	碳水化合物	脂肪
197kcal	23g	10g	7g

好食課營養師小提醒

「板豆腐」又稱為傳統豆腐，在製作過程中會加入硫酸鈣，如果平常乳製品喝的不足，吃點傳統豆腐多少也能補充到一些鈣質！剛做完肌力運動，額外的重量會刺激肌肉、骨骼吸收的能力，別忘了多攝取鈣質讓骨質更健康吧！

運動後
正餐

豆腐肉片捲
Tofu & Pork

材料 / 2人份

板豆腐	1盒
火鍋肉片	200g
蔥花	適量
熟的白芝麻粒	1小匙

照燒醬汁

醬油	1大匙
味醂	1大匙
清酒或米酒	1大匙
水	1大匙

作法

1 用重物壓板豆腐，靜置 30 分鐘後會釋出多餘水分，再切成長條狀備用。

2 用火鍋肉片分別捲起豆腐，用少許太白粉幫助黏合收口處。

3 以中小火熱鍋後，將豆腐肉片捲煎至金黃上色，淋上調好的照燒醬汁，開大火收至醬汁濃稠馬上熄火，盛盤後撒上蔥花、熟白芝麻粒即可盛盤享用。

熱量	蛋白質	碳水化合物	脂肪
355kcal	**28**g	**13**g	**21**g

好食課營養師小提醒

豆製品含有完整的必需胺基酸，是素食運動員最重要的蛋白質來源。如果你有規律運動又吃素，千萬別忘了在每一餐中放入各種優質的豆製品（如：嫩豆腐、豆干、豆包...等），才能滿足運動額外需要的蛋白質喔！

運動後
正餐

泡菜豆腐鍋
Kimchi & Tofu

材料 / 2人份

豆腐	1盒
泡菜	80g
五花肉片	80g
洋蔥	1/4顆
雞蛋	1顆
蒜末	1/2大匙
蔥	1根
高湯	500cc
鹽、三溫糖	適量

作法

1 豆腐切塊、洋蔥切絲、蔥切段備用。

2 取一個湯鍋，以中小火熱油鍋後加入洋蔥、蒜末爆香，將五花肉片炒至油脂釋出後，放入泡菜拌炒出香氣。

3 加入高湯煮滾後，將豆腐下鍋燉煮入味，熄火前加入鹽、糖調味，再打入雞蛋、撒上蔥段即可熄火。

熱量	蛋白質	碳水化合物	脂肪
282kcal	18g	9g	20g

好食課營養師小提醒

我們熟知的「豆魚蛋肉」，豆製品是排名第一順位、最優先建議攝取的蛋白質來源！豆製品飽和脂肪酸含量低，以豆製品搭配豬肉、牛肉一起烹調，就可以減少飲食中的飽和脂肪酸與熱量！

運動後
正餐

豆干炒肉絲
Dried Bean Curd & Shredded meat

材料 /4人份

豆干	200g
豬肉絲	150g
蔥	1根
辣椒	1根
蒜頭	3瓣

醃料

醬油	1大匙
米酒	1大匙
香油	1小匙
太白粉	1小匙

調味料

醬油膏	1大匙
三溫糖	1小匙
黑胡椒粉	少許

作法

1 由橫面剖半豆干再切絲，辣椒及蔥切斜段、蒜頭切末、絞肉加入醃料拌勻醃漬 10 分鐘備用。

2 以中小火起油鍋，豆干下鍋略煎上色後先起鍋備用。

3 原鍋倒入 1 大匙油，蒜末、蔥白下鍋爆香，轉中大火再加入肉絲快炒上色。

4 依序加入豆干、調味料拌炒均勻，起鍋前放辣椒、蔥綠拌炒一下即可盛盤。

熱量 185kcal	蛋白質 16g	碳水化合物 5g	脂肪 11g

好食課營養師小提醒

在常見的豆製品中，豆干、嫩豆腐、傳統豆腐、豆包較為健康、營養；而百頁、炸豆皮、蘭花干雖然也是豆製品，但加工過程中會加入大量油脂，不僅熱量高，也是較不健康的食材，建議減少食用頻率。

讓肉類保有水分的烹調小技巧

運動後常要補充蛋白質，像是雞胸肉、海鮮、牛肉等，但大家最怕吃到很柴的肉質，介紹幾個好用的小方法，都能讓肉類保有水分！

1 醃漬法

想讓低脂高蛋白的雞胸肉保有鮮嫩多汁的口感，可在料理前先用少許鹽、胡椒粉、加入少許橄欖油抹勻醃漬雞胸肉約一小時，這樣的作法可讓雞胸肉表面形成一層保護膜，烹煮時可鎖住肉汁不流失。

也可以使用鹽麴來醃漬肉類，以達到軟化肉質且鮮嫩多汁的口感。醃漬肉類時，加入少許蛋白或太白粉也是讓肉質軟嫩的秘訣之一。

2 鹽水浸泡法

使用 5% 的濃鹽水來浸泡肉品，透過「滲透壓」的變化可提升肉的含水量，且遇熱後肉質也不容易收縮而變柴，例如：500g 的水加入 25g 的鹽，雞肉要充分浸泡在鹽水中至少半天或是前一天浸泡，隔天即可取出使用。

3 掌握火候

下鍋烹煮時的火候也是關鍵，炒或煎時剛
下鍋時要中大火，能鎖住肉汁。如果是水
煮的話，例如：雞胸肉或五花肉，待水滾
後放入肉再次煮滾後就要轉小火，續以不
沸騰的火候來烹煮，再利用燜泡方式讓肉
質保有鮮嫩多汁，就像「舒肥」的方式。

4 打水

製作絞肉料理時，例如：餛飩內餡，在絞
肉調味時除了可加入少許太白粉保有滑嫩
口感之外，也可以邊攪拌絞肉時邊加入少
許水，也就是「打水」，讓絞肉保有充分
的水分。若是烹煮魚肉，在料理前撒上少
許鹽，能緊實魚肉之外還能釋出魚腥味，
下鍋前再洗淨魚的黏液並擦乾，鹽的作用
可以達到去腥提鮮的效果。

營養師菜單！一週料理自由配

每個人的身體狀況不同、需要的飲食方式也不同，以下就為不同飲食需求的族群
開菜單，不必再苦思每週每天怎麼吃，輕鬆按表操課把營養吃好吃滿！

均衡飲食者

適合族群

一般人建立健康飲食習慣

飲食原則

國健署推廣「我的餐盤」的均衡飲食法適合
所有的人。依照每天早晚一杯奶，每餐水果
拳頭大，菜比水果多一點，飯跟蔬菜一樣
多，豆魚蛋肉一掌心，堅果種子一茶匙的口
訣，即可吃到均衡、適量的營養素！

六大類飲食份量

- 乳品 ·············· 2 杯 / 天
- 水果 ·············· 1 拳頭 / 餐 ＊註 1
- 蔬菜 ·············· 1 拳頭 / 餐
- 全穀雜糧 ········ 男生約 1 碗 / 餐 ＊註 2
  女生約 1/2 碗 / 餐
- 豆魚蛋肉 ········ 1 掌心 / 餐 ＊註 2
- 堅果種子 ········ 1 茶匙 / 餐 ＊註 3

	週一	週二
早餐	· 濃厚燕麥牛奶 P.102 · 水煮蛋	· 蔬菜起司蛋餅 · 鮮奶
午餐 （外食）	· 雞肉丼飯 · 泡菜	· 牛肉捲 · 涼拌小黃瓜
點心	· 木瓜牛奶	· 紅豆雪花糕 P.62
晚餐	· 法式紙包魚 P.122 · 五穀飯 ＊註 4 · 燙青菜	· 無水番茄牛肉 P.148 · 五穀飯 · 燙青菜

營養師小提醒

註1：水果未列於食譜中，請自行挑選當季水果，於餐前餐後或點心時間補充。

註2：全穀雜糧、豆魚蛋白因男女份量有別，此處以健康、均衡原則推薦，請依個人份量自行調整。

註3：堅果種子未列於食譜中，每日建議於點心或宵夜時段補充6-8顆堅果種子。

註4：五穀飯、糙米飯可一次煮完後放入冰箱冷凍，後1-2天取出加熱即可食用。

週三	週四	週五	週六	週日
· 水果隔夜燕麥杯 P.108	· 蘿蔔糕 · 蔥蛋 · 鮮奶	· 烤蔥花吐司 P.118 · 木瓜牛奶	· 黃金地瓜燒 P.56 · 起司美式炒蛋 · 藍莓香蕉拿鐵	· 起司雞肉三明治 · 鮪魚蛋沙拉 · 水果奶昔
· 蔬菜雞肉咖哩飯	· 水餃 　男生 10 顆 　女生 7 顆 · 青菜豆腐湯 · 滷蛋	· 三角飯糰 · 茶碗蒸 · 和風沙拉	· 清炒野菇義大利麵（加起司） · 和風沙拉	
· 酪梨蜂蜜牛奶 P.92	· 黑芝麻核桃牛奶 P.90	· 水果隔夜燕麥杯 P.108	· 紅豆紫米露 P.40	· 乳酪蒜香迷你雞塊 P.110
· 泰式涼拌花枝 P.134 · 五穀飯 · 涼拌木耳	· 蒜香辣味蝦 P.124 · 糙米飯 · 燙青菜	· 彩椒牛肉串燒 P.150 · 糙米飯 · 烤香菇 · 烤杏鮑菇	· 薑汁燒肉 P.138 · 蛤蠣鮮魚湯 P.128 · 糙米飯 · 泡菜	· 麻油菇菇雙拼 P.142 · 腐皮餛飩湯 P.116 · 馬鈴薯餅 P.58 · 炒青菜

低醣高蛋白飲食

適合族群

想要減脂的人

飲食原則

想要減重減脂,最重要的就是攝取適量的熱量,並且保持充足的蛋白質!足夠的蛋白質能防止肌肉流失、維持代謝,讓減脂更順暢,更不易碰到停滯期!

調整小訣竅

每餐飯量、水果減少,外食午餐額外加一份豆干或滷蛋,晚餐肉類增加 1.5 倍。

六大類飲食份量

- 乳品 —— 2 杯 / 天
- 水果 —— 1 拳頭 / 餐(減少一餐)
- 蔬菜 —— 1 拳頭 / 餐
- 全穀雜糧 —— 男生約 2/3 碗 / 餐
  女生約 1/3 碗 / 餐
- 豆魚蛋肉 —— 1.5 掌心 / 餐
- 堅果種子 —— 1 茶匙 / 餐

每天每公斤 1.5 克以上 蛋白質

低 GI 飲食

適合族群

健康、減重需求的人

飲食原則

選擇複雜的澱粉,以全穀雜糧取代精製白飯,降低血糖上升速度,讓脂肪更不容易累積,輕鬆達成健康目標。

調整小訣竅

選用五穀米、糙米或以地瓜、南瓜、馬鈴薯取代白飯。

六大類飲食份量

- 乳品 —— 2 杯 / 天
- 水果 —— 1 拳頭 / 餐
- 蔬菜 —— 1-1.5 拳頭 / 餐
- 全穀雜糧 —— 男生約 1 碗 / 餐
  女生約 1/2 碗 / 餐
- 豆魚蛋肉 —— 1 掌心 / 餐
- 堅果種子 —— 1 茶匙 / 餐

增肌飲食

適合族群

每週或每天有規律地重訓，想要增肌的人

飲食原則

當有規律地進行重訓，可以攝取超過一天所需的熱量，讓肌肉有足夠的原料生長，加強增肌效果；但切記，一定要有足夠、規律的運動，不然增加的只會是肥肉喔！

調整小訣竅

每餐飯量、豆魚肉蛋類增加

六大類飲食份量

- 乳品 ┈┈┈┈ 2 杯 / 天
- 水果 ┈┈┈┈ 1 拳頭 / 餐
- 蔬菜 ┈┈┈┈ 1 拳頭 / 餐
- 全穀雜糧 ┈┈ 男生約 1.5 碗 / 餐
  女生約 1 碗 / 餐
- 豆魚蛋肉 ┈┈ 1.5 掌心 / 餐
- 堅果種子 ┈┈ 1 茶匙 / 餐

高蛋白
高碳水

三餐的量
分配至兩餐 +
點心吃完

16：8 間歇性斷食

適合族群

想要減脂的人

飲食原則

減少一天中其中一個餐次，控制進食時間只有 8 個小時，讓身體胰島素分泌減少，達到減脂的效果！但吃的份量與均衡飲食差不多，等於是把其中的一餐併到另外兩餐，還是可以吃得很飽，是很好入門的減脂飲食，但如果經常胃痛、胃食道逆流的人就不建議使用。另外如果搭配運動，請注意要設定在可進食的時間內，這樣運動後才能再補充食物，以防止肌肉流失！

調整小訣竅

選擇 8 小時用餐，且運動時間須安排在此 8 小時內。

六大類飲食份量

- 乳品 ┈┈┈┈ 2 杯 / 天
- 水果 ┈┈┈┈ 1.5 拳頭 / 餐
- 蔬菜 ┈┈┈┈ 1.5 拳頭 / 餐
- 全穀雜糧 ┈┈ 男生約 1.5 碗 / 餐
  女生約 3/4 碗 / 餐
- 豆魚蛋肉 ┈┈ 1.5 掌心 / 餐
- 堅果種子 ┈┈ 1.5 茶匙 / 餐

素食者（蛋奶素）

飲食原則

素食者能攝取的飲食較受限，需要特別注意鈣質、蛋白質與部分營養素的來源；建議以蛋奶素為主，可以吃到較足夠的鈣質，同時別忘了選擇優質的豆製品來源，吃進足量蛋白質！

調整小訣竅

以乳製品、蛋類、豆類補充蛋白質，較好的豆類與豆製品有毛豆、大豆乾、生豆包、小豆干、豆漿、板豆腐、嫩豆腐等。炸的豆製品與百頁豆腐則減少食用頻率。

六大類飲食份量

- 乳品 ⋯⋯⋯⋯ 2 杯 / 天
- 水果 ⋯⋯⋯⋯ 1 拳頭 / 餐
- 蔬菜 ⋯⋯⋯⋯ 1 拳頭 / 餐
- 全穀雜糧 ⋯⋯ 男生約 1 碗 / 餐
  女生約 1/2 碗 / 餐
- 豆蛋 ⋯⋯⋯⋯ 1 掌心 / 餐
- 堅果種子 ⋯⋯ 1 茶匙 / 餐

	週一	週二
早餐	·濃厚燕麥牛奶 P.102 ·水煮蛋	·高鈣豆穀漿 P.100 ·蔬菜起司蛋餅
午餐 （外食）	·豆腐滑蛋丼飯 ·泡菜	·滷味： 豆包、時蔬、大豆干、蒸煮麵
點心	·木瓜牛奶	·紅豆雪花糕 P.62
晚餐	·豆腐漢堡排 ·五穀飯 ·燙青菜	·雞蛋豆腐燒 ·五穀飯 ·燙青菜

週三	週四	週五	週六	週日
·南瓜薏仁 豆漿 P.104	·蘿蔔糕 ·蔥蛋 ·鮮奶	·烤蔥花吐司 P.118 ·木瓜牛奶	·黃金地瓜燒 P.56 ·起司美式炒蛋 ·藍莓香蕉拿鐵	·起司鮮菇歐姆 蛋佐法國麵包 ·核桃毛豆 活力飲 P.50
·蔬菜咖哩飯	·素食煎餃 男生 10 顆 女生 7 顆 ·青菜豆腐湯 ·滷蛋	·素三角飯糰 ·茶碗蒸 ·關東煮：白蘿 蔔、杏鮑菇	·清炒野菇起司 義大利麵 ·和風堅果沙拉	
·酪梨蜂蜜牛奶 P.92	·黑芝麻核桃 牛奶 P.90	·水果隔夜燕 麥杯 P.108	·紅豆紫米露 P.40	·黑芝麻核桃 牛奶 P.90
·蔥花拌豆干 P.106 ·起司炒蛋 ·五穀飯 ·涼拌木耳	·番茄炒蛋 ·三杯菇菇豆腐 ·糙米飯 ·燙青菜	·焗烤番茄洋蔥 起司通心粉	·木須炒餅 ·酸辣湯 ·泡菜	·田園蔬菜焗 烤飯 ·味噌湯 ·燙青菜

喜歡吃海鮮者

適合族群

· 喜歡吃海鮮的人

· 心血管疾病高風險族群

· 容易痠痛的運動族群

飲食原則

如果平常較常吃牛肉、豬肉，趕快試試以海鮮替換部分肉類的飲食吧；海鮮不僅脂肪含量低、熱量低，同時也能攝取到平常較不易吃到的不飽和脂肪酸！有助於我們提高體內好的高密度膽固醇脂蛋白（HDL），也能降低發炎反應，減緩運動後的痠痛。

調整小訣竅

以海鮮、魚類作為飲食中主要的蛋白質來源，替代家畜補充蛋白質，減少紅肉攝取。

六大類飲食份量

● 乳品 ………… 2 杯 / 天

● 水果 ………… 1 拳頭 / 餐

● 蔬菜 ………… 1 拳頭 / 餐

● 全穀雜糧 ── 男生約 1 碗 / 餐

　　　　　　　　女生約 1/2 碗 / 餐

● 豆魚蛋肉 ── 1 掌心 / 餐

● 堅果種子 ── 1 茶匙 / 餐

	週一	週二
早餐	· 濃厚燕麥牛奶 P.102 · 水煮蛋	· 蔬菜起司蛋餅 · 鮮奶
午餐（外食）	· 海鮮丼飯 · 泡菜	· 鮮蝦海鮮卷 · 涼拌青菜
點心	· 木瓜牛奶	· 紅豆雪花糕 P.62
晚餐	· 法式紙包魚 P.122 · 五穀飯 · 燙青菜	· 蒜香辣味蝦 P.124 · 小卷米粉湯 P.76 · 炒青菜

週三	週四	週五	週六	週日
· 水果隔夜燕麥杯 P.108	· 蘿蔔糕 · 蔥蛋 · 鮮奶	· 烤蔥花吐司 P.118 · 木瓜牛奶	· 黃金地瓜燒 P.56 · 起司美式炒蛋 · 藍莓香蕉拿鐵	· 起司鮪魚三明治 · 番茄烘蛋 · 鮮奶
· 海鮮蔬菜咖哩飯	· 蝦仁水餃 男生 10 顆 女生 7 顆 · 青菜豆腐湯 · 滷蛋	· 鮪魚飯糰 · 茶碗蒸 · 關東煮：白蘿蔔、杏鮑菇	· 墨魚義大利麵 · 和風沙拉	
· 酪梨蜂蜜牛奶 P.92	· 黑芝麻核桃牛奶 P.90	· 水果隔夜燕麥杯 P.108	· 紅豆紫米露 P.40	· 乳酪蒜香迷你雞塊 P.110
· 海鮮什錦炒麵 P.126 · 涼拌木耳	· 蛤蜊鮮魚湯 P.128 · 番茄炒蛋 糙米飯 · 燙青菜	· 泰式涼拌花枝 P.134 · 五穀飯 · 涼拌小黃瓜	· 海鮮蔬菜煎餅 P.132 · 泡菜	· 香煎鯖魚佐檸檬鹽 P.120 · 腐皮餛飩湯 P.116 · 燙青菜

不吃牛肉者

適合族群

因為宗教信仰或家庭飲食習慣不吃牛肉者

飲食原則

依照「豆魚蛋肉」的順序補充蛋白質食物，選食肉類時則依照「海鮮→家禽→家畜」的順序挑選。

調整小訣竅

以海鮮、魚類作為飲食中主要的蛋白質來源，替肉類補充蛋白質，減少紅肉攝取。

六大類飲食份量

- 乳品 ………… 2 杯 / 天
- 水果 ………… 1 拳頭 / 餐
- 蔬菜 ………… 1 拳頭 / 餐
- 全穀雜糧 …… 男生約 1 碗 / 餐
  女生約 1/2 碗 / 餐
- 豆魚蛋肉 …… 1 掌心 / 餐
- 堅果種子 …… 1 茶匙 / 餐

	週一	週二
早餐	· 濃厚燕麥牛奶 P.102 · 水煮蛋	· 蔬菜起司蛋餅 · 鮮奶
午餐（外食）	· 雞肉丼飯 · 泡菜	· 鮮蝦海鮮卷 · 涼拌青菜
點心	· 木瓜牛奶	· 紅豆雪花糕 P.62
晚餐	· 法式紙包魚 P.122 · 五穀飯 · 燙青菜	· 蒜香辣味蝦 P.124 · 五穀飯 · 香料雞胸肉沙拉 P.156

週三	週四	週五	週六	週日
·水果隔夜燕麥杯 P.108	·蘿蔔糕 ·蔥蛋 ·鮮奶	·烤蔥花吐司 P.118 ·木瓜牛奶	·黃金地瓜燒 P.56 ·起司美式炒蛋 ·藍莓香蕉拿鐵	·起司鮪魚三明治 ·嫩雞菇菇炒鮮蔬 P.158 ·鮮奶
·豬肉蔬菜咖哩飯	·水餃 男生 10 顆 女生 7 顆 ·青菜豆腐湯 ·滷蛋	·鮪魚飯糰 ·茶碗蒸 ·和風沙拉	·起司蒜香雞肉義大利麵 ·和風沙拉	
·酪梨蜂蜜牛奶 P.92	·黑芝麻核桃牛奶 P.90	·水果奶酪	·紅豆紫米露 P.40	·黃豆蔬果元氣飲 P.88
·洋蔥雞肉蓋飯 P.154	·鹹水雞拌鮮蔬 P.152 ·蛤蜊鮮魚湯 P.128 ·糙米飯	·泰式涼拌花枝 P.134 ·五穀飯 ·燙青菜	·海鮮蔬菜煎餅 P.132 ·豬肉味噌湯 P.136 ·泡菜	·香煎鯖魚佐檸檬鹽 P.120 ·山藥玉米雞湯 P.72 ·炒青菜

需補鐵飲食者

適合族群

· 缺鐵的女性族群

· 規律心肺耐力運動者

飲食原則

女生因為每個月的生理期會需要較多的鐵質幫助紅血球生長；而心肺耐力運動可以加強心血管功能，所以別忘了適時補充富含鐵質的食物，維持血液的新陳代謝！

調整小訣竅

以均衡飲食菜單為主，主菜稍微調整，另安排較多的牛肉、豬肉料理。

六大類飲食份量

● 乳品 ………… 2 杯 / 天

● 水果 ………… 1 拳頭 / 餐

● 蔬菜 ………… 1 拳頭 / 餐

● 全穀雜糧 …… 男生約 1 碗 / 餐

　　　　　　　女生約 1/2 碗 / 餐

● 豆魚蛋肉 …… 1 掌心 / 餐

● 堅果種子 …… 1 茶匙 / 餐

	週一	週二
早餐	· 濃厚燕麥牛奶 P.102 · 水煮蛋	· 蔬菜起司蛋餅 · 鮮奶
午餐 （外食）	· 雞肉丼飯 · 泡菜	· 牛肉捲 · 涼拌青菜
點心	· 木瓜牛奶	· 紅豆雪花糕 P.62
晚餐	· 蔥爆牛肉 P.146 · 五穀飯 · 燙青菜	· 無水番茄牛肉 P.147 · 五穀飯 · 涼拌木耳

週三	週四	週五	週六	週日
· 水果隔夜燕麥杯 P.108	· 蘿蔔糕 · 蔥蛋 · 鮮奶	· 烤蔥花吐司 P.118 · 木瓜牛奶	· 黃金地瓜燒 P.56 · 起司美式炒蛋 · 藍莓香蕉拿鐵	· 起司醬燒牛肉三明治 · 鮮奶 1 杯
· 蔬菜咖哩飯	· 水餃 男生 10 顆 女生 7 顆 · 燙青菜 · 滷豆干	· 三角飯糰 · 茶碗蒸 · 和風沙拉	· 起司番茄肉醬通心粉 · 和風沙拉	
· 酪梨蜂蜜牛奶 P.92	· 黑芝麻核桃牛奶 P.90	· 水果奶酪	· 紅豆紫米露 P.40	· 乳酪蒜香迷你雞塊 P.110
· 泰式涼拌花枝 P.134 · 五穀飯 · 炒青菜	· 豬肉味噌湯 P.136 · 牛肉綜合滷味 P.144 · 糙米飯 · 滷白蘿蔔	· 彩椒牛肉串燒 P.150 · 糙米飯 · 烤杏鮑菇、香菇	· 薑汁燒肉 P.138 · 蛤蠣鮮魚湯 P.128 · 糙米飯 · 泡菜	· 麻油菇菇雙拼 P.142 · 腐皮餛飩湯 P.116 · 馬鈴薯餅 P.58 · 燙青菜

Chapter

3

3

營養師的
運動擇食
大補帖

對於進一步想了解食材屬性的讀者，營養師詳
列出「運動擇食大補帖」，教你挑增肌減脂或
提升代謝的好食材，以及對於人體很重要的「巨
量營養素」食材怎麼挑，跟著專業營養師團隊
一起吃準沒錯！

你必須認識的
巨量營養素

　　人體需要的營養素有很多種，功能包括了提供身體能量、建造修補組織或者是調節生理機能等，有些營養素是人體可以自行合成的，有些則需要仰賴飲食補充。營養素的種類包含：醣類、脂質、蛋白質、維生素、礦物質及水，排序前三位的營養素因為需要量較多，以公克為單位，因此又被稱為「巨量營養素」，其他常見的鈣質、鐵質、葉酸、維生素等，僅需毫克或微克即可應付人體生理上的需求。

　　以下以身體需要最多、特殊飲食法需要精算的三大巨量營養素來介紹，讓大家快速上完基礎營養學，方便後續可以自己調整營養素的分配。

人體所需的巨量營養素

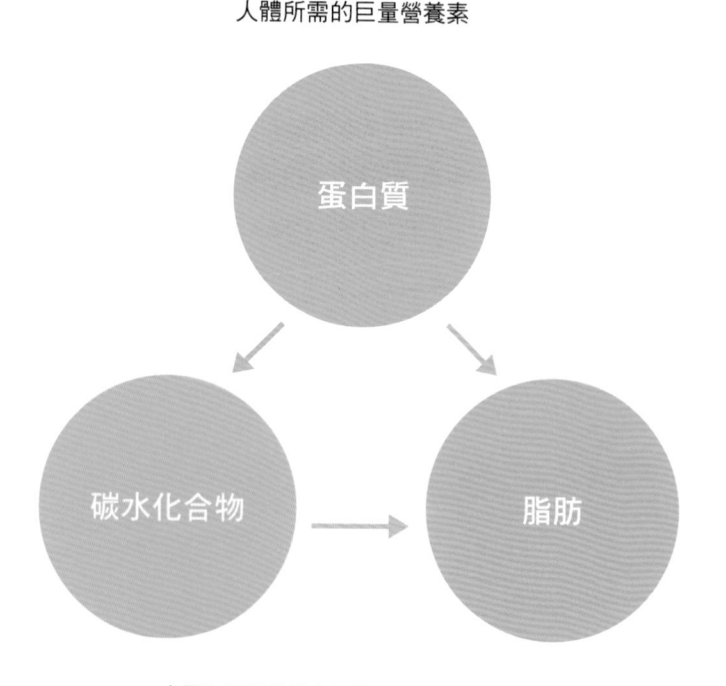

上圖為巨量營養素在體內互相轉換的機制。

巨量營養素 1

碳水化合物

又稱作「醣類」，每公克的碳水化合物可以提供4大卡的熱量，因為是由碳、氫、氧所組成，因此在包裝食品上也是以「碳水化合物」標示。仔細看看右邊這張營養標示，在碳水化合物的下方還有兩項資訊，「糖」與「膳食纖維」也是大家不可忽略的關鍵。

營養標示		
每一份量170公克		
本包裝含1份	每份	每100公克
熱量	471大卡	277大卡
蛋白質	3.4公克	2公克
脂肪	1公克	0.6公克
飽和脂肪	0.5公克	0.3公克
反式脂肪	0公克	0公克
碳水化合物	112.2公克	66公克
糖	34公克	20公克
膳食纖維	17.5公克	10.3公克

糖

這邊的糖指的是單醣（葡萄糖、果糖、半乳糖）與雙醣（蔗糖、果糖、乳糖）的總和，即便是無加糖鮮奶也含有乳糖，所以是糖尿病人、減醣、生酮族群斤斤計較的醣類；為什麼單醣、雙醣會特別拿出來講呢？因為平常我們吃到的醣類在食物中大部分是以「澱粉」或「寡糖」的形式存在，體積比較大，在身體中需要經過分解才會被吸收，所以吸收速度比較慢，血糖也較不會受影響；但是單醣、雙醣則是非常簡單的結構，吃進去很快就會被吸收了，它對血糖的影響比較大，因此平常需要特別注意「糖」的攝取量。衛福部國民健康署建議，精製糖的攝取上限要在一天熱量攝取的10%以內，最好能控制在5%以下，對身體健康較好！s

膳食纖維

膳食纖維是結構較大的醣類，在消化吸收過程中、無法完全被分解利用，因此每公克膳食纖維只會產生2大卡熱量。膳食纖維是現在人普遍吃不夠的營養素，也是提供飽足感、延緩血糖上升的重要營養素，因此下次看到高纖產品裡的碳水化合物數字很高時，可別誤判了喔！

巨量營養素 2

蛋白質

每公克蛋白質可以產生4大卡的熱量，蛋白質是由不同胺基酸所組成的大分子結構，是構成人體細胞、組織、肌肉的原料，如果是身體無法自行合成的，稱為「必需胺基酸」，成年人的必需胺基酸有9種，嬰幼兒有10種。

但並非所有的蛋白質都含有人體需要的必需胺基酸，因此選擇蛋白質食物時仍需考慮其品質與消化吸收率，一般來說，動物性的肉品、牛奶、黃豆是較佳的蛋白質食物選擇，而珍貴的魚翅、鮑魚或是常見的紅豆、小麥就非優質的蛋白質食物，不含完整必需胺基酸。若以功能性來說，想要維持肌膚彈性、促進膠原蛋白增生、增加肌肉量、避免肌肉流失，術後調養、修復、擁有良好免疫力，那飲食中絕對不可缺少就是蛋白質類食物。

巨量營養素 3

脂肪

　　每公克的脂肪可以提供9大卡的熱量，被現代人視為「健康殺手」的脂肪其實並沒有想像中那麼壞，它們也對我們有很多的貢獻：

1. 增加飽足感：因為胃排空的速度比醣類、蛋白質慢，所以適當的好油可以避免我們餓得太快！

2. 幫助脂溶性維生素（A、D、E、K）吸收：部分的維生素、植化素是透過油脂在小腸被吸收，這也就是為什麼胡蘿蔔炒蛋中的維生素A比胡蘿蔔果汁好吸收的原因。

3. 維持細胞完整性：膽固醇、磷脂質與人體無法自行合成的必需脂肪酸-亞麻油酸、次亞麻油酸（屬Omega-3脂肪酸）同為細胞膜上的主成分之一，可以協助營養素的運送、吸收與訊息傳遞。

4. 提供、儲存能量：脂肪存在脂肪細胞中，可以保護器官、組織，同時也參與了許多荷爾蒙的調節，許多女生一昧追求體脂率的下降，迎接而來的是怕冷、生理週期混亂…等問題。

　　脂質中真正需要擔心的是「飽和脂肪酸」與「反式脂肪酸」，目前已有許多實證指出是影響心血管疾病的重要危險因子，下次購買包裝食品時，也可以多加留意，數值是越低越好喔！

● 如何聰明攝取碳水化合物

以前在門診經常有醫師轉介糖尿病患、肥胖者、或者是健檢三酸甘油酯很高的病人來找我，詢問到底什麼是自己目前飲食中最需要控制的項目，答案就是碳水化合物了（又稱為醣類，包含大家熟知的澱粉）。除了這三類的病人需要控制碳水化合物、想要進行減醣或生酮飲食等特殊飲食法的人也需要對「碳水化合物」提高警覺性！

廣義來說，全穀雜糧類、水果類食物是主要提供我們碳水化合物的食物類別，它們是由不同結構的單、雙醣類組成的含「醣」食物，不論吃起來甜不甜，其實進到消化道後都會分解成單醣或人體難以吸收的膳食纖維，以營養學的定義上來說，每一份的醣類食物含有15公克的碳水化合物，會提供70大卡的熱量。

有時候大家聽到碳水化合物都覺得很危險！好像只要吃了就會胖、吃了就會有糖尿病、三高等慢性疾病，但其實人體動能大約有50%的能量是來自於平常吃的碳水化合物！碳水化合物對我們非常重要，只要吃對時間、份量跟挑對種類，不僅可以吃得健康，還能吃出更好的活力！

平常三餐盡量都要吃到碳水化合物，適量的碳水化合物會讓日常活動更有體力！一般來說，先以女生每餐半碗飯、男生1碗飯為基準，再根據活動量與目的增加；有運動的那天，其中一餐可以增加半碗到一碗飯；想要減重減脂者，可將原本的份量減少1/3-1/2！而正餐以外的點心時間，盡量減少攝取碳水化合物的食物，以蛋白質豐富的食物為主，會更有利維持勻稱的體態！

在選擇碳水化合物食物時，很重要的一點是GI值，也就是消化、吸收快慢的數值。一般來說，吸收得越快、血糖上升越高，越容易累積到脂肪；吸收慢的食物則能讓血糖平穩，適度分配到身體需要的地方；最簡單的方式就是越「原型」的食物越好，沒有經過加工的食物更多了纖維，通常會有比較低的GI值。

有些人會問：「既然要吃低GI，那我乾脆完全不吃飯、麵可以嗎？」許多減重者想讓成效更快，選擇不吃碳水化合物，前期可能體重會掉得很快，但有一部分可能是減少了肌肉量，反而會讓減重更快碰到停滯期！甚至是肌肉流失，而產生復胖的狀況，可以說是得不償失。而且生活中如果極度缺少碳水化合物，大腦、肌肉沒有足夠的能量，會使我們反應變慢、精神變差、全身無力；所以營養師建議，想要減重減脂，可以先把飯、麵等碳水化合物份量減半，以及挑選原型的根莖類的優質食物喔！

那麼根莖類有哪些呢？吃起來鬆鬆、軟軟、咀嚼後會出現淡淡甜味的南瓜、地瓜、玉米、芋頭、山藥、馬鈴薯、蓮藕…等都屬根莖類，這些其實都是提供醣類的全穀雜糧類，是易被民眾誤以為是蔬菜類的食物。

這些都是「提供醣類的全穀雜糧類」，並不是蔬菜類！

隨著飲食的西化，餐桌上也經常出現全麥麵包、全麥饅頭這類全麥製品，仔細回想看看，你吃的是口感粗糙需要仔細咀嚼，還是層次豐富、香酥軟Q的種類呢？為了適應飲食精緻化的消費者，業者大多會在製作過程中使用較多的油脂來增添潤滑口感，因此無形中也增加了麵包本身的油脂含量，甚至因為烘焙過程中高溫而引起油脂結構的改變，產生了影響心血管健康的反式脂肪酸！

其實在政府的規範下，市售標榜全穀的產品需使用51%以上的全穀成分，因此全麥麵包的質量較傳統使用較多油的台式麵包扎實、份量重，下次選擇麵包時，同等體積下，也建議民眾可以用重量、口感來作為初步篩選喔！

除了全穀雜糧類，水果也提供我們碳水化合物，同時含有膳食纖維、維生素C、礦物質、鉀離子等營養素。而該怎麼挑選醣類適中的水果呢？以下分享一個有趣的例子：

有一位糖尿病病人説：「很甜的水果我都沒有吃，人家説芭樂不甜，我每次肚子餓的時候就會啃一大顆芭樂、口渴的時候就喝檸檬水。」

想要控制碳水化合物，千萬不能用嘴巴來測試，因為嘴巴只吃得出米字邊的『糖』，吃不出酉字邊的『醣』，所以選擇水果時，可以優先選擇升糖指數（GI值）較低的水果，像是聖女番茄、芭樂、奇異果、蘋果等，再搭配上適合自己的份量，才能避免血糖快速波動。

Q 水果玉米是水果還是全穀雜糧類呢?

A 是全穀雜糧類。因品種上的差異,使得水果玉米的胚乳在成熟後含有較高比例的糖量,吃起來特別香甜可口,但別忘了,不論是水果玉米或者是糯玉米,全穀類的特性皆包含麩皮、胚芽、胚乳,因此仍屬於提供碳水化合物的全穀雜糧類食物。

● 如何聰明攝取蛋白質食物

　　近年來拜運動風氣盛行所賜,大家開始重視蛋白質類食物的攝取,市面上不僅出現許多即食雞胸肉,也有很多線上、線下的料理內容跟大家分享如何製備高蛋白質的食譜。事實上,不僅是運動族群,全年齡層皆有蛋白質的需求,除了慢性腎臟病的病人需要依照不同病程限制蛋白質攝取量之外,成長、孕哺及年長者更需要攝取足量的蛋白質食物來提供生長與避免衰弱、肌少症的發生。蛋白質的建議攝取量如下:

- 19歲以上的成年人,每天每公斤體重攝取1.1公克的蛋白質
- 71歲以上的年長者,每天每公斤體重攝取1.2公克的蛋白質
- 運動族則可針對運動目標將每日的蛋白質攝取提高至每天每公斤體重1.5-2.0公克不等

　　以營養學的定義來說,每一份的蛋白質食物可以提供約7公克的蛋白質,再依照食物各自含有的脂肪含量而分為低脂、中脂、高脂甚至是超高脂的蛋白質食物;乳品是少數可以提供人體三大巨量營養素的食物,每一份的乳品類可以提供8公克的蛋白質。

如果你不喜歡吃肉或是茹素者，可以選擇黃豆來替代，黃豆含有完整的胺基酸種類，加工後的質地比動物性蛋白質軟嫩、好入口，不只是蔬食界裡不可或缺的重要蛋白質食物，更是一般家庭也能經常選擇的好食材。

　　根據衛福部國民健康署「豆魚蛋肉一掌心」的建議，每一餐都要吃到一掌心的豆魚蛋肉類；有足量的蛋白質才能讓身體不消耗肌肉當作能量，維持更好的代謝！如果有在運動，運動後盡快補充大約1/2-3/4手掌的蛋白質類食物，也能讓肌肉快速吸收，提升增肌減脂效率。

每天都要吃到
3掌心大小的
蛋白質

蛋白質攝取量固然重要，但建議要在三餐平均分配蛋白質的份量，每餐「一個掌心以上」是最能幫助增肌減脂的份量；如果午餐沒吃肉，晚餐吃兩倍回來，其實身體短時間內能吸收、利用的蛋白質有限，一次吃太多功效是會打折的！所以別忘了每一餐都要補充豆魚蛋肉類喔！

最後，想知道一天吃了多少蛋白質嗎？最簡單的方式可以用手掌計算！女生一個手掌大小、厚度的豆魚蛋肉類大約含有21克蛋白質；男生一個手掌大約是28克蛋白質。我們一天中大約有7-8成的蛋白質是來自豆魚蛋肉類以及乳品類，其他的2-3成是全穀雜糧與蔬菜提供的少量蛋白質；只要計算平常吃的豆魚蛋肉類，最後再除以0.8，就可以簡單地估算一天蛋白質量到底有沒有吃夠囉！

註：想要查詢食物中更準確的蛋白質含量，可至衛福部國民健康署公告的「食物代換表」網站查詢
https://www.hpa.gov.tw/Pages/Detail.aspx?nodeid=485&pid=8380

Q 肉吃太多是造成腎功能不佳的主凶？

A 根據世代研究統計，正常腎功能者的蛋白質攝取量與腎功能衰退無關。健康成人短期攝取高蛋白飲食（2.0 公克／公斤體重／天）也不會影響腎臟功能，但是牛肉、豬肉等紅肉攝取過量，就可能會提高乳癌、大腸直腸癌的罹病風險。

Q 豆類吃多會痛風？

A 痛風是因為血液中尿酸過高引起的，而尿酸代謝的前身是普林，因此屬於高普林類的黃豆經常被民眾誤解！事實上，經過加工的豆漿、豆干已是中普林含量的食物了。以前痛風被稱為是「皇帝病」，是因為經常大魚大肉或者是飲酒後引起的富貴病之一，根據科學研究發現，痛風罹患的風險與豆類攝取量呈現負相關！近年來更發現，啤酒、含糖飲料等反而是大家容易忽略的危險因子。

Q 低脂奶看起來比較稀、比較沒營養？

A 台灣的鮮乳其實都是有經過國家標準（CNS3056）規範，其原料皆是以生乳為主，再依據乳脂肪比例，回填乳脂肪後經過殺菌製成的。而從營養素比例也可以了解為什麼全脂奶、低脂奶一樣營養，以乳品主要提供的 3 種營養素來看，蛋白質、鈣質、維生素 B2 的含量幾乎是一致的。

全脂鮮奶與低脂鮮奶成分比較（以 240cc ／杯為例）

	全脂鮮乳	低脂鮮乳
熱量（大卡）	151	103
乳脂肪比例	3.0-3.8%	0.5-1.5%
蛋白質（公克）	7.2	7.4
鈣質（毫克）	240	235
B2（毫克）	0.41	0.41

● **如何聰明攝取好油脂**

動物性脂肪的香，讓人無法抵抗！但是為了健康，大家開始懂得取捨，開始轉向選擇植物性油脂，甚至進一步了解油脂結構，選擇不飽和脂肪，而依照雙鍵位置差異又可以分成Omega-3、Omega-6、Omega-9三種不飽和脂肪酸，其中的ω3跟ω9脂肪酸具有抗發炎反應的能力！

每餐需攝取堅果種子一茶匙，相當於大拇指第一節大小的杏仁果 2 粒、榛果 2 粒或核桃仁 1 粒。

　　以前曾有諮詢營養的人說：「花生應該是『豆類』，多吃一點可以補充蛋白質！」我覺得很有趣，反問他：「你想想看，花生是不是可以榨成花生油？」讓他突然一點就通，原來花生屬於油脂類！若是誤判食物類別，可會讓我們熱量爆棚的。每一份油脂類可提供45大卡的熱量，若以花生來說，10顆花生米就大約50大卡了！

　　芝麻也是同樣的概念，同屬「油脂與堅果種子類」，其他像是腰果、杏仁、核桃、夏威夷果這類「好油來源」，則可以提供很棒的抗氧化物質－維生素E，避免過多自由基造成的細胞損傷，每日適量補充，可以預防大腦、身體器官衰退，達到延緩老化、維持膚況的效果，只要依照「我的餐盤」均衡飲食概念，每天一湯匙的無調味堅果就是最適合的份量了。

　　有時候我們會很疑惑，油脂熱量那麼高，營養師常說不要吃炸的、不要吃高油的甜點，那到底要不要特別減少油脂？是不是吃水煮餐會比較健康呢？其實相較於量，更重要的是油脂的「種類」，像上面提到的Omega-3、Omega-9不飽和脂肪酸就是好的油脂，應該要適量多補充一點！但是拿來油炸的豬油則含有較多的飽和脂肪酸，是較不健康的油脂，平常應該要少吃一點。

　　不飽和脂肪酸除了具有抗發炎能力之外，也是高密度脂蛋白膽固醇（HDL，好的膽固醇）的原料來源之一，適量攝取可以提升人體健康，減少心血管疾病的風險。而飽和脂肪酸則是低密度脂蛋白膽固醇（LDL，壞的膽固醇）的主要原料，吃過多就比較容易造成血管堵塞，增加心血管疾病的風險！

　　根據調查，目前大家普遍較常使用的烹調用油，例如：花生油、大豆油、葵花油是以Omega-6脂肪酸為主，是合成花生四烯酸等發炎物質的前驅物，食用過多易造成油脂平衡失衡，因此建議大家可以多搭配橄欖油、芥花油、苦茶油等主要提供Omega-9脂肪酸的油脂，或者是選擇亞麻籽油、核桃油等Omega-3脂肪酸作為飲食中的烹調用油。

　除了油品，酪梨也是油脂類食物，含有很高比例Omega-9脂肪酸－油酸（橄欖油的重要營養素），而且酪梨的膳食纖維含量高，同等重量下其膳食纖維是高麗菜的3倍之多！而且它富含油脂、升糖指數低，對於糖尿病的病人或減醣飲食族群來說，是很棒的點心選項之一。

Q　橄欖油是不是不能拿來炒菜？

A　依據橄欖油的等級區分，特級初榨橄欖油的發煙點約在 190℃，一般橄欖油的酸度、酚類化合物含量更低，發煙點可達 220℃，因此一般家庭中用來炒菜、煎魚料理中都是很適合的。

營養師小提醒

　一般家庭比較習慣的飲食方式是油炒、油煎、甚至是油炸，而油品又經常放置在爐火旁邊，建議大家可以選擇小瓶裝的油品，並且經常替換油品種類，不僅可以避免因為光線、溫度而讓油品氧化劣變，也可以獲得更多元種類的油脂營養素。

營養師推薦！
增肌減脂好食材

　　大家都知道用飲食搭配運動是達到理想身材最有效的方法，但每天為工作忙碌，光是要抽空運動就已經很不容易了，若平時飲食隨便吃，那可是會讓運動效果功虧一簣的！

　　想控制體態，有三種特性的食材要記起來，不僅可以幫助有運動的人增肌、減脂，也很適合全家人一起吃，這些食材特性對於大人、小孩、孕婦、老年人的健康也大有助益！

● 低脂高蛋白，把熱量留給肌肉修復最重要的材料

　　在增肌減脂的階段，可以提供熱量的三大營養素比例很重要（蛋白質、碳水化合物、脂肪），運動後要吃足蛋白質，才有材料提供身體修復肌肉組織，但是一整天的熱量仍需要被控制，此時為了滿足熱量控制、補充蛋白質和碳水化合物的需求，最好的方式就是減少食物所含的油脂量、選擇低脂高蛋白的食材！

如同均衡飲食提到的「豆魚蛋肉類」都是很好的蛋白質來源，這些類別因應不同物種、肉的部位，含有的脂肪量不一，快將這些低脂高蛋白的好食材記下來吧！

豆類／豆製品

食材好選擇：毛豆、黃豆、豆漿、干絲/豆干、板豆腐、嫩豆腐

豆類和豆製品都是植物性的蛋白質來源，除了飽和脂肪較低，更不含膽固醇，取而代之的是有助預防心血管疾病的不飽和脂肪酸和植物固醇，不僅可以提供許多蛋白質營養，還有助於身體保健。此外，板豆腐和豆干還能提供鈣質營養，有助肌肉收縮、提升運動和訓練的表現！

海鮮

食材好選擇：一般魚類（鱸魚）、鮪魚、透抽（花枝／烏賊）、蝦仁、蛤蜊

魚類、海鮮也是不飽和脂肪酸較豐富的蛋白質來源，不同海鮮食材的口感和味道都不太一樣，在料理上可以有很多變化，而且本身就帶有「鮮味」，不用太多調味，就有促進食慾的效果。更值得一提的是，海鮮的維生素B12含量多，蛤蜊更是所有食物中名列前茅的食材，10粒就有30毫克的維生素B12，將近達每日建議攝取量的13倍，有助紅血球合成、避免貧血發生，也能增進神經系統的健康。

雞肉

食材好選擇：雞里肌肉、雞胸肉

雞里肌和雞胸肉可說是所有蛋白質來源食材中CP值最高的肉品了，蛋白質含量非常高、脂肪含量非常低，很適合有在計算蛋白質攝取量的人自行做調配。雞肉所含的菸鹼素（維生素B群之一）高，有助體內能量正常代謝，也對皮膚、消化系統、神經系統的健康有助益。

豬肉

食材好選擇：豬後腿瘦肉

　　豬後腿是豬最常運動、強而有力的部位，所以豬後腿肉油脂較少，若又挑選瘦肉的地方，含脂量就更少了；豬肉有不錯的維生素B群，不僅是能量代謝必須的營養素，更是維持神經系統運作的重要元素。

牛肉

食材好選擇：牛肚、牛後腿肉、牛腱

　　牛肉是很多年輕人的最愛，不僅可以補充蛋白質幫助肌肉增長，其鐵和鋅含量也高，鐵可以幫助血紅素正常合成，維持體內的氧氣運輸和利用，若平時有吃足鐵質，不僅會讓人氣色紅潤，運動時也比較不會缺氧而影響了運動時間，甚至是產生不適感；另外，鋅也有助皮膚組織蛋白質的合成，可以維持皮膚彈性。

雞蛋

食材好選擇：蛋白

　　雞蛋的脂肪大部分都在蛋黃中，其實吃一顆蛋，脂肪量也不會太高（一顆蛋脂肪量約4.5公克），但如果想純粹補充蛋白質、不想增加脂肪量的話，蛋白是很棒的選擇。市售沒有過度加工、調味的蛋白丁就是很好的食材，大家也可以參考蒸蛋的方式，在家自製各種口味的蛋白料理，好吃又沒有負擔。

食材的三大營養素

食材（每100克）		蛋白質（克）	脂肪（克）	醣類（克）	熱量（大卡）
豆類／豆製品	豆漿	2.8	1.1	8.7	56
	毛豆	12.9	1.7	15	120
	嫩豆腐	4.9	3	1.6	53
	板豆腐	8.5	3.4	6	88
	干絲	18.3	8.6	4.8	170
	小方豆干	17.4	8.6	3.5	161
	黃豆	35.6	15.7	32.9	389
海鮮	鮪魚	23.3	0.1	0	100
	草蝦仁	9.7	0.3	0.9	44
	文蛤	7.6	0.5	2.7	37
	花枝／烏賊	12.2	0.6	3.7	57
	鱸魚	19.9	1.5	0.9	98
雞蛋	蛋白	11.2	0.1	0.5	50
	雞蛋	12.5	8.8	1.8	134
雞肉	雞里肌	24.2	0.6	0	109
	雞胸肉	23.4	2.1	0.3	119
豬肉	豬後腿瘦肉	21.1	2.3	1.3	111
牛肉	牛肚	11.4	0.8	0.1	56
	牛後腿肉	19.4	4.3	3.7	122
	牛腱	19.8	6	0	139

資料來源：食品營養成分資料庫

● 低 GI 碳水化合物，避免脂肪堆積的好夥伴

GI（Glycemic index），稱為「升糖指數」，指的是含碳水化合物的食物吃進人體消化吸收後，影響血糖上升幅度的數值，GI值越低的食物表示影響血糖上升的幅度越小。還記得血糖上升時身體會分泌胰島素嗎？胰島素會將血糖送到細胞中儲存成能量，但是當血糖快速上升時，胰島素分泌量增加，也會促進脂肪細胞將血糖轉化為脂肪儲存起來！

建議選擇「少精製、少加工的全穀雜糧食物」，例如藜麥、糙米、地瓜、馬鈴薯…等，因為含有較多人體不能消化的膳食纖維，且碳水化合物的結構比較大，在消化道中需要較長的消化時間，所以吸收、影響血糖的速度較緩慢，GI值也就比較低；反之，我們最常吃的白米則是精製過的，比較好消化吸收，血糖上升的速度當然也較快，更不用說含精緻糖的飲料了，不僅碳水化合物的結構小，還是液態的，這些糖分就像拿著快速通關券一樣，快速吸收、快速升高血糖，而且飲料店常使用的高果糖糖漿在人體吸收後主要會被合成脂肪儲存！高、低GI的食材有各自適合吃的時機，大家學會辨別後就可以輕鬆自在的選擇食物了！

運動後，肌肉組織對糖的需求量很大，需要高GI的食物幫忙快速補充能量，也需要胰島素快快出現幫忙將胺基酸送往肌肉組織中進行肌肉修復、合成，此時能量會以肌肉的需求為主，較不會形成脂肪。但若不是在運動後，我們選低GI的食材會比較好，不僅可以避免體脂肪囤積，也會因為低GI食材通常需要較長的消化時間，而有延長飽足感的效果，不會因空腹感到饑餓而越吃越多。

以下列舉幾款食材給大家參考，是本書食譜也有選到的食材，大家還可以參考下面食材GI表，認識更多低GI的好食材。

紅藜

藜麥的膳食纖維相當豐富，除了有低GI的特性外，蛋白質含量也是全穀類食物中較豐富的。此外，藜麥也含有類胡蘿蔔素、多酚類⋯等具抗氧化和抗發炎作用的植化素，不僅有助於對抗體內的氧化壓力和組織修復，對血糖、血脂的調節也有幫助。

燕麥

燕麥也是膳食纖維含量高的食材，市售一包隨身包的量（約38克）就含有3.2克膳食纖維，有別於其他膳食纖維，燕麥的纖維含有「β-聚葡萄糖」，在腸道消化過程中，可以被腸道細菌發酵，產生短鏈脂肪酸，進而幫助身體調節膽固醇和血脂，有助於預防心血管疾病，這些短鏈脂肪酸也可以刺激腸道激素分泌，進而調控食慾和促進代謝。

馬鈴薯

全穀雜糧、含澱粉的食材，例如米飯、地瓜等，有個特性是煮熟後置於冷藏降溫，會增加抗性澱粉的含量，相較於原本熱騰騰時的碳水化合物結構，抗性澱粉和膳食纖維相似，較難消化，因此GI值也比較低。其中馬鈴薯是冷、熱都好吃的食材，所以特別提出來和大家分享，平時烹調好就可以存放在冰箱中，不論是作為正餐或運動後點心都很合適。

現在市售也有許多顏色的馬鈴薯，種類包含褐皮、紫皮、紅皮…等等，含有多樣的植化素，且根據美國農業部的食品成分資料庫，每一顆（100克）的美國馬鈴薯就含有425毫克的鉀離子，是鉀含量數一數二高的全穀類食材，有助於肌肉收縮、血管舒張，也比較不容易抽筋。

蘋果、芒果、柳橙、香蕉（未完全轉黃）

一直沒有提到水果，不是因為水果GI值較高，而是水果屬於比較特別的食材，不好和全穀類放在一起介紹。水果中含有的醣類是結構較簡單的果糖，照理來說吸收也很快，對血糖上升的影響也比較快才是，但原態、完整的水果是固體的，其中還含有膳食纖維，仍需要一些消化時間，所以並不會像含糖飲料那般快速的影響血糖。如果眼前有一杯果汁和一盤原態的水果，要怎麼選擇比較好呢？這時要視情況挑選！若是剛運動完要補充碳水化合物，就選高GI的果汁（無濾渣的新鮮果汁更好），若是平常餐間要吃，就選擇原態的水果，不僅能保留較多營養素，影響血糖的速度也較果汁和緩哦！根據研究測試，蘋果、芒果、柳橙和青色的香蕉GI值較低，這些也是平時方便取得的食材，大家可以參考，作為平時的水果選項之一。

食物 GI 值

	食材	GI值
	低GI（≦55）	
全穀雜糧	馬鈴薯（煮熟後冷藏）	23
	地瓜	48
	芋頭	48
	糙米	48
	山藥	54
	紅藜	54
水果	香蕉（綠偏黃）	42
	香蕉（全黃）	51
	蘋果	40
	柳橙	40
	芒果	51
其它	豆漿	44
	中GI（<56-69）	
全穀雜糧	蕎麥麵	59
	燕麥	59
	玉米	60
	烏龍麵	62
水果	奇異果	58
	黑葡萄	59
	木瓜	60
	鳳梨	66
	高GI（≧70）	
其他	白吐司	73
	白米	75
	甜甜圈	75
	鬆餅	80
	蜂蜜	87
水果	西瓜	76

● 低熱量密度，餵飽肚子才能持之以恆的動下去！

　　低熱量密度的食材指的是同熱量下可以吃比較多、飽足感較高的食物，像是含有膳食纖維的蔬果，因為人體沒辦法完整消化纖維質，這類食材可以提供的熱量比較低，就可以吃比較多墊墊胃；或水分含量較多的全穀雜糧和水果也屬低熱量密度，因為水分多所以體積比較大，相對地吃一樣重量的食物時，熱量攝取比較少，而低脂高蛋白的食材當然也包含在內！

　　下面列舉一些全穀雜糧和水果類食材中熱量密度較低的食材給大家參考！如果你正在實行增肌減脂的飲食生活，可以多選擇這些食物，吃飽了才有動力繼續運動，朝理想身材邁進！吃得健康才會瘦得健康！

常見全穀雜糧、水果每 100 大卡食材份量

	食材	每100大卡重量（克）
全穀雜糧類	南瓜	135克
	玉米	93克
	蓮藕	154克
	芋頭	78克
水果類	小番茄	313克
	葡萄	156克
	西瓜	303克
	鳳梨	189克

資料來源：食品營養成分資料庫

營養師推薦
提升代謝好食材

能幫助提升身體代謝力的食材有許多種，主要是食物中的營養素在人體裡參與了很多代謝的反應，因此吃足這些營養素可以提升身體整體的代謝率。

以下營養師推薦的食材是含該營養素最豐富，且平時很容易吃到的食材，但不是只能吃這些哦！列舉出來是讓大家好記憶，在外食時或製備餐點時，記得 1-2 種提升代謝的食材，便能常常都吃足，若大家行有餘力，可以將這些提升代謝力的營養素記起來，瞭解他們主要存在的食物類別，便能自己在每餐中聰明擇食，要提升代謝不是一餐就可以解決的，而是長期維持健康的飲食才會有的效果！

● 維生素 B 群是維持能量代謝的良伴

食材好選擇：豬肉、雞肉與深綠色蔬菜

維生素 B 群廣泛地存在各種食材中，如果我們的飲食能夠吃得均衡多樣的話，便能獲得完整、充足的維生素 B 群。

目前科學家發現的維生素 B 群包含 B1、B2、菸鹼酸（B3）、泛酸（B5）、B6、生物素（B7）、葉酸（B9）、B12 等八種。在身體裡輔助許多重要的化學反應進行，包括了三大營養素代謝、神經系統運作與紅血球生成…等，日常飲食中吃足維生素 B 群可以讓碳水化合物、蛋白質、脂質等營養轉化成身體運作所需的能量，讓身體時時保有活力。吃足維生素 B 群可以確保身體中大部分的代謝反應順利進行，便能提升整體代謝力！

維生素B	食材來源	Top 3食材	每100公克食材所含營養素量	每日建議攝取量
Vit B1 硫胺素	豬肉、全穀雜糧、蛋、堅果、豆類	豬小里肌	1.2 mg	女：0.9 mg 男：1.2 mg
		豬下肩肉	0.9 mg	
		豬大里肌	0.9 mg	
Vit B2 核黃素	肝臟、乳製品、蛋、蘑菇	雞肝	2.4 mg	女：1.0 mg 男：1.3 mg
		豬肝	2.2 mg	
		雞蛋豆腐	1.2 mg	
Vit B3 菸鹼酸	魚類、雞肉	旗魚	14.7 mg	女：14 mg 男：16 mg
		鮪魚	13.8 mg	
		雞胸肉	10.0 mg	
Vit B6 吡哆素	動物蛋白質、馬鈴薯、香蕉、豆類、酪梨	海帶茸	2.2 mg	女/男：1.5 mg
		蟹腳肉	1.8 mg	
		雞里肌肉	1.2 mg	
Vit B9 葉酸	豆類、肝臟、綠色蔬菜	鷹嘴豆	742.1 µg	女/男：400mg
		雞肝/豬肝	708.5 / 677.6 µg	
		青仁/黃仁黑豆	721.0 / 590.4 µg	
		菠菜葉	232.7 µg	
Vit B12 鈷胺素	動物性食物	文蛤	50.5 µg	女/男：2.4 µg
		豬肝/雞肝	30.5 / 29.8 µg	
		牡蠣	25.0µg	

註：Vit B5（泛酸）與Vit B7（生物素）廣泛存在各種食物中，日常飲食不易缺乏，故無列出Top3項目。

● 補充鈣質提升代謝力

食材好選擇：鮮奶與豆腐

　研究發現鈣質及維生素 D 能促進體內脂肪氧化、抑制脂肪合成的作用。也有研究發現肥胖者普遍鈣質攝取不足，會促使體內副甲狀腺素分泌增加，進而影響脂肪的代謝。

　許多人會想透過運動，產生熱量消耗、增加肌肉量來提升基礎代謝率，不過有些研究發現運動也會有鈣質流失，進而增加體內副甲狀腺素的分泌，可能會降低體內脂肪代謝的效率。

　因此每天攝取足夠鈣質相當重要，不僅能提升體內的脂肪代謝，也能避免骨質流失、預防骨質疏鬆，還有預防運動抽筋、提升運動表現、幫助睡眠紓壓等益處。鮮奶和豆腐、豆干便是鈣質的代表性食材，1 毫升鮮奶就有近 1 毫克的鈣質，一杯便能滿足每天 1/4 的鈣質需求。

Top 5食材	常見單位	前述單位食材所含鈣質量
鮮奶	一杯240 ml	336 mg
小方豆干	一片30 g	206 mg
黑豆干	一塊175 g	586 mg
傳統豆腐	一掌心160g	224 mg
乾酪	一片12 g	113 mg

註：成年人每日建議攝取1000mg鈣質

● 滿滿膳食纖維幫助代謝膽固醇

食材好選擇：豆類、芭樂與蕈菇

豆類（黑豆、大豆、紅豆等）、芭樂與蕈菇分別是豆魚蛋肉類、全穀雜糧類、水果類和蔬菜類中膳食纖維含量最多的食材，而這邊的蕈菇是統稱所有的菇類，包含花菇、杏鮑菇等。

膳食纖維對身體有許多好處，不僅熱量低，有助腸道蠕動讓排便更順暢，因其結構的特性可吸附腸道中的油脂，也有助於減少飲食中油脂的攝取，最重要的是還能夠幫助體內膽固醇代謝。

體內合成膽固醇時需要「膽鹽」作為原料，然而大部分的膽鹽存在於膽汁中，會隨著消化液分泌出現在消化道裡，若我們有吃膳食纖維，便會在消化道中與膽鹽結合，讓膽鹽隨著糞便排出體外，身體少了膽鹽原料，便會減少膽固醇的產量，有助於降低膽固醇。

不僅如此，現在有許多研究發現「腸道菌叢健康度」會影響身體的代謝力，若腸道菌相不平衡、壞菌比較多與肥胖有很大的關聯性，也會影響身體許多賀爾蒙分泌與代謝反應，可能會有代謝異常的疾病產生。而膳食纖維在腸道中扮演著很重要的角色，可以被腸道細菌分解產生短鏈脂肪酸，不僅是腸道益菌的營養來源，也是影響體內免疫調節的重要物質。

腸道可說是人體的第二個大腦，影響許多功能的運作，腸道細菌健康生長，不僅可以改善代謝力，降低肥胖的發生，還能提升免疫力、影響大腦發展，可說是好處多多！

Top10食材	常見單位	前述單位食材所含膳食纖維量
黃仁黑豆 青仁黑豆	25 g（生） 1/4碗（熟）	5.8 g / 5.4 g
大紅豆	25 g（生） 1/4碗（熟）	5.1 g
花豆	25 g（生） 1/4碗（熟）	4.8 g
紅豆	25 g（生） 1/4碗（熟）	4.6 g
綠豆	25 g（生） 1/4碗（熟）	3.9 g
土芭樂	一顆150 g	7.5 g
紅柿	一顆150 g	6.6 g
香菇	100 g	3.8 g
地瓜葉	100 g	3.3 g
青花菜	100 g	3.1 g

● Omega-3 好油脂，提升好膽固醇

食材好選擇：鯖魚與亞麻仁油

　　人體中，多被稱為「壞膽固醇」的低密度脂蛋白膽固醇（LDL）負責將肝臟中的三酸甘油酯經由血液送到身體的神經、細胞裡面，以維持正常細胞運作，然而當飲食攝取過多油脂、碳水化合物，會增加肝臟的三酸甘油酯量，為了要把這些脂肪送到各個細胞，LDL 也會隨之增加，血膽固醇便會增加，若增加太多可能引起發炎反應、甚至造成血管阻塞、影響血管健康，這就是 LDL 被稱作「壞膽固醇」的原因。

　反之，俗稱「好膽固醇」的高密度脂蛋白膽固醇
（HDL）則會把多餘的膽固醇從血管中送回肝臟代謝、
排出體外，因此我們常常推廣「攝取好油脂、多運動」，
以增加體內的好膽固醇量。

　說到好油脂，Omega-3 脂肪酸是許多營養專家、營養
師推薦的健康油脂，Omega-3 脂肪酸屬於多元不飽和脂
肪，已有許多研究發現其有助增加體內的好膽固醇，幫
助身體代謝三酸甘油酯，具降血脂、血膽固醇的功效。

　而鯖魚和亞麻仁油分別是動物性與植物性 Omega-3 脂
肪酸最豐富的食材，平時備餐時可以將鯖魚以煎或烤的
方式料理，而亞麻仁油則可用涼拌、熱拌的方式加入菜
餚中，或是參考本書的飲品系列食譜也可以。其次也可
用秋刀魚、鮭魚等富含 Omega-3 脂肪酸的魚類做替換，
多為自己補充好油脂！

● 用咖啡因促進脂肪燃燒

飲品好選擇：無糖黑咖啡或無糖綠茶

　有不少研究都發現喝咖啡或綠茶可以提升身體的新陳
代謝，且有助減脂效果。因為這兩種飲品中所含的「咖
啡因」會刺激神經傳遞物質的分泌，讓我們呈現興奮、
有精神的狀態，也會刺激身體分解脂肪作為能量，因此
有助於減重。

　但它可不是萬靈丹！並不會因為喝了咖啡、綠茶就一
定瘦！若沒有多消耗熱量，就不會需要分解脂肪作為能
量了，所以均衡飲食搭配規律運動很重要，平時想喝飲
料時，可以喝無糖咖啡、綠茶為輔，幫助身體維持高代
謝率的狀態，長期下來才有減脂效果。

不同運動型態的
飲食補充這樣吃

除了運動要即時補充營養之外，運動前、運動中也有一些不可忽視的飲食訣竅，都是幫助我們運動起來更舒服、更有成效的關鍵。在這章節會先講解運動補充的基本概念，再根據肌力運動、耐力運動等更詳細的分類，一一介紹特別需要注重的營養素。

● **運動前**

運動前什麼狀況需要補充？

大部分的人在運動前都很少進食，畢竟下班後就趕著去運動，也沒有太多時間。那什麼情況下需要特別補充呢？如果你符合以下任何一點，就是屬於運動前需要補充的狀況。

運動前需要補充的 3 個狀況

1. 距離上一餐超過 6 小時
2. 運動時常常肚子餓分心
3. 運動一段時間後特別容易沒力

關鍵！運動前就是該來點「甜」的食物

運動前最重要的營養素就是「碳水化合物」，也就是水果、全穀雜糧類為主的食物！運動時，會用到脂肪以及碳水化合物作為能量，但是脂肪可以說是取之不盡、用之不竭，而碳水化合物存量有限，當消耗太多就會感到疲憊、無力，所以運動前可以攝取碳水化合物的食物！

● 運動中

運動中為什麼要補充？

　　每次辦講座時問到：「大家在運動中會補充什麼嗎？」這個問題常常只有少數人會回答。運動中最需補充卻最容易被忽略的就是「水」，雖然大多數的人運動中都會喝水，但真正「喝足水」的人卻非常非常少。

　　以運動 1 小時來說，女生需要補充 400 毫升以上的水，男生則是 600 毫升以上，仍可根據當天的氣溫、濕度還有個人出汗的程度進行調整。若是運動時間超過 1 小時，可以用運動飲料替代部分水量。

● 運動後

運動後首要補充什麼？

　　大家已經知道運動後是黃金補充時間，但是吃不對可是會讓效果打折的！運動後飲食首重補充「碳水化合物」與「蛋白質」兩項營養素；想要加速恢復體力，就需要碳水化合物，而增肌、減脂的重要原料－蛋白質也絕對不能少！為什麼運動後要特別補充碳水化合物？因為運動的當下，消耗最多的能量就是肌肉中的「肝醣」，而肝醣其實就是從飲食中的碳水化合物而來，所以補充碳水化合物會讓我們更快恢復能量、減少疲勞！

碳水化合物為你恢復體力

　　在過去 20 年間有許多運動營養的研究，研究指出運動後立即補充碳水化合物會在後續的 8 個小時內幫助肌肉更快的恢復能量；如果休息太久才吃東西，那能量會恢復得較慢，一直要到 8 個小時後才能從日常飲食中緩慢

追上恢復速度。這對於一天當中從事多次運動（例如早上去慢跑、下午又去打球）或者是運動頻率高（幾乎天天運動）的人來說特別重要！運動後越快速補充碳水化合物，越能讓我們減少疲勞感，每一次都能帶著最好的運動狀態享受運動。

蛋白質為你修復合成肌肉

也許大家多多少少都有聽過運動的人一定要多吃蛋白質，但需要「快速地」補充蛋白質這件事可能不一定都知道。在這邊要先記得一個觀念：

「運動時身體是承受壓力，肌肉是耗損的；真正增肌減脂是在運動後才開始」

運動之所以能讓我們增肌減脂，並不是因為運動當下就能長肌肉，而是肌肉因為承受超過平常的壓力，受損以後重新修補而變得更強壯，也就是「越挫越勇」的概念！當肌肉受到足夠的刺激，增加生長的作用最高可以持續到運動後的 48 小時，而這個時候蛋白質就是肌肉合成最重要的原料，越快補充，肌肉越快停止受損並加速生長。

優質、足量的蛋白質是運動後最需要的營養素

運動後需要攝取優質、好吸收的完全蛋白質，包含黃豆、豆製品、海鮮、雞肉等。一般人運動後需要的蛋白質份量大約是 3/4 個手掌大小的肉類；但如果家中長輩年紀超過 60 歲，腸胃道功能會稍微衰退，運動後需要補充更多的蛋白質，大約需要吃到 1 整個手掌大小的肉類才足夠！

了解「運動前中後飲食概念」以後，接著針對不同運動類型進行飲食上的微調；可以先想想自己平常從事什麼運動或者喜歡哪一類的運動，再來看看如何可以吃得更好！每一種類型的運動都能帶給我們身體不同的健康好處，對身體造成的影響、疲勞也有些許的差異，所以飲食上當然可以有更精準、更有效的吃法囉！

● 給肌力運動者的建議

肌力運動指的是「次數、頻率少，但單次需要較多力量」的運動，像是重量訓練、居家健身等。近年來，肌力運動越來越流行、也越受到重視，可以幫助我們抵抗老化，活得更舒適，建議健康的成年人每週應該要安排至少 2 次以上的肌力運動！

肌力運動對身體的好處

好處 1 · 提升肌肉力量，讓我們更能應付生活中的各種狀況

肌力運動最直接、有效的影響就是刺激肌肉生長，不管是力量或者肌耐力都可以獲得提升。以上班族來說，可以維持核心肌群、穩固姿勢，久坐也比較不會腰痠背痛；對家庭主婦來說，不管是在家打掃、蹲站、搬東西或到市場買菜，都可以更輕鬆地提起重物，也不會不小心傷到腰；對年長者來說，有足夠的肌力才能維持身體的靈活，更能自己照顧自己、活得更自在；對青春期學童更是重要，適當的肌力訓練有助於學童有更好的生長發育，增加肌力、反應、敏捷，在生活中跑跑跳跳更不容易受傷！

好處 2 · 保持完美體態，增肌減脂就靠它

還記得 Chapter2 講到的珍珠鮮奶故事嗎？沒錯！肌力訓練是維持體態最重要的運動，幫助我們擁有更多肌肉，提升代謝的同時也壓縮了脂肪細胞的成長空間。台灣過重、肥胖的人超過 40%，想要控制理想的體態，千萬不能錯過肌力運動！

好處 3 · 增加、維持骨質密度，降低骨質疏鬆風險

　　一般人的骨質密度在 25-30 歲達到巔峰，接下來會隨著年齡逐漸流失，60 歲以上人口超過 15% 有骨質疏鬆症，其中約 8 成是女性。從事肌力訓練不只是鍛鍊肌肉，也讓身體有更多的負重刺激，對於留存骨本有極佳效果。

好處 4 · 減少肌少症風險

　　台灣已在 2018 年邁入高齡社會，65 歲以上的人口超過 14%，也因為科技進步，坐式生活型態，造成許多人日常活動減少，導致肌少症問題日漸提升。肌少症造成的肌肉無力，會對活動造成不小的負擔，有時候甚至無法自理生活。肌力運動能有效提升肌肉力量、避免肌少症的問題，而且任何年齡層都能做肌力運動喔！快帶著家中長輩一起做點肌力運動吧！

好處 5．降低三高風險

　　三高指的是「高血糖、高血壓、高血脂」。而肌力運動可以刺激肌肉細胞，讓胰島素敏感性提升，更有效穩定血糖；同時增加高密度脂蛋白膽固醇，降低高血脂的風險；根據研究指出，規律的肌力運動能有效降低血壓，甚至對高血壓患者也有顯著的幫助，如果你已經有三高的困擾，不妨找個教練或者在量力而為的情況下開始規律地肌力運動吧！

好食課營養師給肌力運動者的飲食建議

運動過程	注意事項
運動前1-2小時 選擇300大卡左右的點心	肌力運動與耐力運動相比，跳動、跑動較少，較不會造成腸胃不適，但許多動作仍需腹部、背部的核心肌群用力，以保持身體、姿勢穩定，所以也不能吃過多、不易消化的食物。 運動前的1-2小時補充富含碳水化合物，大約300大卡的小點心，固體、液體都可以，但越接近運動時間就建議以液體為主，可以加快消化速度！
運動中隨時補充水分	肌力運動的活動範圍通常較小、停留時間也較多，因此水分攝取相對方便，是較容易控制飲水量的運動型態，可以在每一次訓練的組間休息時，趁機補充幾口水分。 為了讓自己能喝到足量水分，建議準備固定大小的水瓶裝水，男生以600毫升為基準、女生則是400毫升，再根據每一次喝下的水分以及尿液顏色來調整，很快就能找到最適合自己的飲水量！

好食課營養師給肌力運動者的飲食建議

飲食族群	運動後這樣吃
想減脂者	如果目標是減脂，減脂的同時防止肌肉流失是最重要的事！所以肌力運動後一定要補充足量蛋白質，在運動後立即補充的那一餐，會建議吃到「每公斤體重乘以0.25公克」的蛋白質，如果你嫌麻煩不想計算，那就直接以手掌為單位，大約需要吃到3/4個手掌大小、厚度的肉或魚為佳。
想增肌者	如果目前體脂肪較低，想挑戰增肌，不只運動強度要增加，運動後飲食也需要增加！肌力運動後的增肌飲食除了蛋白質之外，也需要額外攝取碳水化合物，比例大約是碳水化合物：蛋白質=2：1。補充蛋白質的時候，可以加上水果、全穀雜糧類等富含碳水化合物的食物。

營養師推薦！肌力運動後的料理

豬肉味噌湯	豆腐肉片卷	香煎鯖魚佐檸檬鹽
海鮮什錦炒麵	法式紙包魚	蒜香辣味蝦
鹹水雞拌鮮蔬	蛤蠣鮮魚湯	

● 給肌力運動者的其他建議

1. 肌力運動消耗熱量比有氧運動少，因此蛋白質來源建議多選擇雞肉、魚肉、海鮮等低脂肉類。
2. 肌力運動因為肌肉張力較大，容易發生延遲性肌肉痠痛問題，平常可多補充深海魚類，攝取多元不飽和脂肪酸，有助於減少發炎反應。
3. 肌力運動需要修補肌肉的營養素，若訓練強度較高，食材上可以多選擇鋅含量較豐富的貝類、海鮮類、牛肉等。

運動完 1 小時內就要吃，效率遠比 2-3 小時好很多

　　過去許多研究都明確指出，運動後 1 小時內補充蛋白質的效率遠遠高於運動後 2-3 小時才補充的成效，所以下次千萬不要運動完才慢吞吞地回家煮一大桌滿漢全席，因為「快」是提高成效的最高原則，本書設計的料理都是可以在 20 分鐘內完成，甚至是煮好後放在冰箱，回家加熱即可享受的美食，

　　雖然要即時、快速地攝取蛋白質，但也記得「吃過多」蛋白質是沒有益處的，過多的蛋白質反而會被氧化，並不會利用於合成肌肉！此外，年長者因為消化吸收率較差，運動後的蛋白質量需提高至每公斤體重 0.4 公克才足夠。

● 給耐力運動者的建議

1. 因為耐力運動需長時間維持較高心律，呼吸會較急促，在運動後的食物選擇建議搭配液體或者選擇較濕潤的料理，會更方便進食！
2. 耐力運動會促進血液的新陳代謝，可以安排牛肉、豬肉等鐵質含量較豐富的肉類；尤其是長期跑步的人，鐵質需求會比一般人高，別忘了定期攝取紅肉喔！
3. 大部分從事耐力運動的人都想要穠纖合度的身材，這時候千萬別忘了補充鈣質！鈣質有助於提升代謝，所以在料理中可以加入一些起司、優格，以更多元的方式補充鈣質。

　　如果以上兩種運動對你來說都有難度，仍有其他方式把運動融入生活中！其實，運動最重要的不是強度也不是項目，而是如何「養成運動習慣」，在平常空閒的時候不管是健走、爬山、遛狗、伸展操都可以，甚至上下班的時候多走個幾站公車站，雖然強度較低，對身體健康還不會有明顯的改變，卻是脫離「坐式生活」不可或缺的過渡期；如果還沒有運動習慣，或者剛開始運動，在有空的時間請不要吝嗇地離開你的沙發、你的座位，穿上運動鞋去戶外簡單的動動吧！

心肺耐力運動能為身體帶來這些好處：
1. 維持生理機能、肌肉
2. 增加活動度、柔軟度
3. 促進新陳代謝

　　但因為休閒運動消耗的體力、熱量較少，所以在運動前後都不需要特別補充！但運動中的水分依舊需要注意。人體水分流失 1% 的時候會感到口渴，2% 時會些微的感到不適，3% 時就會影響到心情；因此可以隨身攜帶輕便水壺，口渴就補充水分，輕鬆控制飲水量，達到最舒適的運動狀態！

● 給休閒運動者的建議

1. 休閒運動能消耗的熱量不多，千萬不要因為覺得有運動就可以放縱吃，飲食上維持跟平時差不多的份量即可。

2. 如果強度低，但是運動時間超過 1-2 小時，水可以換成低滲透壓或者等滲透壓的運動飲料，適時補充因流汗排出的電解質。

3. 運動中與運動後的飲水以常溫或冰水為主，溫度較低的水有助於降低核心溫度，可以更快從疲勞中恢復！

運動時，記得要時常補充水分，千萬別等口渴了才喝！

好食課營養師來解答！
運動飲食困擾Q&A10

Q1　運動完一直很痠痛怎麼辦？

A　如果有達到足夠的運動量，常常隔天肌肉會有酸痛感，也就是俗稱的「鐵腿」、「鐵手」。這就是「延遲性肌肉痠痛」，代表著你的肌肉有受到刺激，所以需要稍微休息、恢復，是很正常的現象！在飲食上可以多攝取油脂含量豐富的魚類，像是鮭魚、鯖魚、秋刀魚等，烹調上多使用植物油，這些不飽和脂肪酸可以降低發炎反應，讓延遲性肌肉痠痛更快恢復！

Q2　我的體質很容易抽筋，可以怎麼吃？

A　肌肉收縮主要是透過電解質調控，最重要的就是「鈉、鉀、鈣」三者；如果是運動很長一段時間才會抽筋（例如跑半馬、全馬、三鐵，長達2-3 小時以上的運動），可能是流汗造成電解質流失，記得在運動中適時補充運動飲料、吃香蕉即可改善；如果是平常短時間內運動就會抽筋，在日常飲食中就要特別注意！記得做到以下三點：

1. 每天要喝到 1 杯鮮奶，補充鈣質

2. 每天要吃 2-3 個拳頭大小的水果，補充鉀

3. 每餐吃到 1 小碟蔬菜，補充鉀

（不用特別擔心鈉，平常調味用的鹽巴通常都會吃超過！）

Q3 每次運動都很累很喘，甚至有點喘不過氣，有什麼方法可以調整嗎？

A 運動特別喘跟訓練強度以及水分補充最有關聯；如果平常較少運動，運動時容易喘不過氣，那代表可能體能、體力還不足，建議稍微減少運動強度，避免運動傷害。在水分補充上，不僅可以濕潤呼吸道，更可以讓血液流量維持，運送足夠的氧氣！所以女生運動 1 小時大約要補充 400 毫升、男生則是 600 毫升的水分，可以讓呼吸比較不會那麼喘。

Q4 我是健身新手想要增肌減脂可以怎麼吃？吃增肌餐還是減脂餐？

A 對於健身新手來說（每週固定重訓 2 天以下，持續運動時間半年內），一開始先以減脂的餐點為主，因為處於肌肉較容易生長的期間，只要有足量蛋白質就可以同時增肌又減脂！建議定期以儀器測量體脂率與肌肉量，如果發現減脂、增肌效果變差了，就可以調整為專心減脂或專心增肌囉！

Q5 運動是不是都要吃很多肉？吃太多會不會傷腎？

A 是的，運動強度提高的時候，為了確保合成肌肉的蛋白質原料足夠，我們大概會需要吃比平常多 1.2-1.5 倍的肉類！至於會不會傷腎？國外有許多研究，讓受試者每天吃超過正常人攝取 2-3 倍量的蛋白質，維持一段時間，結果顯示並不會對身體造成明顯的健康影響。但營養師要特別提醒，如果本身已經有腎臟、血壓、血脂相關或者其他慢性疾病，建議先與醫師討論，確認個人健康狀態後再提升蛋白質的攝取量為佳。

Q6　聽說不吃澱粉可以瘦比較快嗎？我可以整天不吃飯嗎？

A　雖然少吃一點澱粉可以瘦比較快，但吃太少不僅會讓代謝降低，導致
減脂很快碰到停滯期，更會影響到精神！建議需攝取適量澱粉才能維
持體力、精神；最簡單的方式是先試試看一天中的一餐不吃飯，或者
是將原本飯量減半，這樣能確保安全又能達到一定成效！進階一點的，
可以挑選體積大、熱量低的根莖類食物，像是偶爾用馬鈴薯、地瓜、
南瓜代替白飯、麵食，在減少熱量、澱粉的同時還能顧及飽足感！

Q7　想要有更好的運動成效是不是要搭配水煮餐？看很多人都推薦水煮
餐，這樣吃到底好不好？

A　水煮餐因為不用油烹調、所以熱量比一般飲食低，是許多不知道怎麼
吃的人開始嘗試的減重吃法。但水煮餐有不少缺點，例如：
1. 油脂不足，容易造成便秘
2. 脂溶性營養素需要油脂才能吸收，可能造成營養不良
3. 味道單一，適口性差，可能吃個幾天就膩了
建議偶爾用天然香料調味嘗試無油的烹調方式，但不適合長期食用，
也許可以一週吃個一兩次的頻率，稍微減少熱量，但在其他餐次也能
補足營養、吃得開心！

Q8　想要同時做肌力、心肺耐力運動，哪一項先比較好？

A　這題沒有絕對的答案，完全關係到你的目標與運動規劃。如果希望增
加力量、肌肉，需要全力的做肌力訓練，那簡單熱身完直接做肌力運
動，結束後再適度地進行有氧會更恰當。
但如果是想要增加心肺能力、消耗更多熱量，那先完成心肺耐力運
動，再進行簡單肌力訓練動動手腳也不錯！所以完全取決於你的目
的！如果是剛開始規律運動，看哪種方式舒適、哪種方式可以讓你更
輕鬆地養成習慣，那麼就先用這個順序吧！

Q9　女生做肌力訓練是不是會變金剛芭比？

A　其實完全不用擔心，肌力訓練會讓身型漂亮；同樣重量的肌肉和脂肪體積比小了 4 倍！有適當的肌肉量會讓你看起來更健康、更勻稱，而且肌肉不是一兩個星期就能長成，不會今天練、明天馬上變壯，有時候感覺肌肉變很大塊，只是剛運動完肌肉還有點充血，尚未好好放鬆、舒展，所以還有點腫脹、僵硬，摸起來才會覺得好像長了很多肌肉。但只要稍加休息、適度放鬆、按摩，就不用特別擔心！真的要練到像健美選手一樣健壯，也許要花上 3 年、5 年甚至是 10 年呢！

Q10　市面上這麼多補充品，吃了真的有效嗎？

A　營養師一直提倡這句話「Food First, Supplement Second」，意思就是食物最重要，補充品次之。簡單來說，想要做到 100 分的完美飲食，食物大概佔了 95 分，補充品只佔了 5 分。補充品可以很簡單、輕鬆拿到分數，但是有一定的上限，如果只想靠補充品而不好好調整飲食的話，還是沒有辦法輕鬆增肌減脂的！所以先學著怎麼調整飲食，覺得碰到停滯期，或者發現生活中真的有無法單純靠食物攝取的營養時，再使用補充品吧！

附錄

Appendix

運動後增肌料理推薦

飲品

- 黑芝麻核桃牛奶 P.91
- 酪梨蜂蜜牛奶 P.93
- 南瓜薏仁豆漿 P.105
- 夏日蔬果豆奶 P.97

點心

- 水果隔夜燕麥杯 P.108
- 玉米起司蛋餅 P.114

正餐

- 海鮮什錦炒麵（料少麵多）P.127
- 海鮮蔬菜煎餅 P.133
- 洋蔥雞肉蓋飯 P.155

低脂低熱量料理推薦

飲品

- 核桃毛豆活力飲 P.51
- 葡萄芭樂蔬果汁 P.45
- 紅龍果高鮮果汁 P.47

點心

- 蔥花拌豆干 P.106

正餐

- 泰式涼拌花枝 P.135
- 鹹水雞拌鮮蔬 P.153
- 牛肉綜合滷味 P.145
- 香料雞胸肉沙拉 P.157
- 蒜香辣味蝦 P.125
- 蛤蜊鮮魚湯 P.129
- 蔥燒鮭魚 P.131
- 嫩雞菇菇炒鮮蔬 P.159

運動後減脂料理推薦

飲品

- 可可豆漿 P.95

點心

- 蔥花拌豆干 P.106
- 乳酪蒜香迷你雞塊 P.110
- 腐皮餛飩湯 P.116

正餐

- 蔥燒鮭魚 P.131
- 法式紙包魚 P.123
- 豬肉味噌湯 P.37
- 薑汁燒肉 P.139
- 牛肉綜合滷味 P.145
- 蛤蜊鮮魚湯 P.129
- 蒜香辣味蝦 P.125
- 無水番茄牛肉 P.149
- 蔥爆牛肉 P.147
- 鹹水雞拌鮮蔬 P.153
- 香料雞胸肉沙拉 P.157
- 嫩雞菇菇炒鮮蔬 P.159
- 豆腐肉片捲 P.163
- 泡菜豆腐鍋 P.165
- 豆干炒肉絲 P.167
- 肉末燒豆腐 P.161

運動前不同時間補充的料理推薦

肌力運動

1 小時內
- 番茄鳳梨蘋果汁 P.39
- 紅豆紫米露 P.40
- 藍莓香蕉果昔 P.43
- 燕麥綠拿鐵 P.99

1-2 小時
- 蓮藕薏仁排骨湯 P.67
- 蜂蜜燕麥餅乾 P.55
- 黃金地瓜燒 P.56
- 馬鈴薯餅 P.59
- 焗烤馬鈴薯 P.71

2 小時以上
- 佃煮南瓜 P.69
- 山藥玉米雞湯 P.73
- 小卷米粉湯 P.77
- 酪梨蛋沙拉 P.53

耐力運動

1 小時內
- 葡萄芭樂蔬果汁 P.45
- 紅龍果高纖果汁 P.47
- 綜合穀物精力湯 P.49

1-2 小時
- 香料烤南瓜 P.60
- 香煎馬鈴薯 P.81
- 鳳梨香蕉冰淇淋 P.64
- 八寶粥 P.83
- 雞蓉玉米馬鈴薯濃湯 P75

2 小時以上
- 香菇瘦肉糙米粥 P.79
- 烤地瓜薯條 P.85

功能性食材料理推薦

減少痠痛

飲品

- 藍莓香蕉果昔 P.161
- 紅龍果高纖果汁 P.47
- 葡萄芭樂蔬果汁 P.45
- 黑芝麻核桃牛奶 P.91

點心

- 水果隔夜燕麥杯 P.108

正餐

- 香煎鯖魚佐檸檬鹽 P.121
- 法式紙包魚 P.123
- 蛤蜊鮮魚湯 P.129
- 蔥燒鮭魚 P.131

提升代謝（補充鈣質）

飲品

- 燕麥綠拿鐵 P.99
- 黑芝麻核桃牛奶 P.91
- 酪梨蜂蜜牛奶 P.93

點心

- 蔥花拌豆干 P.106
- 水果隔夜燕麥杯 P.108
- 玉米起司蛋餅 P.114

正餐

- 泡菜豆腐鍋 P.165
- 肉末燒豆腐 P.161
- 豆腐肉片捲 P.163

防止脂肪堆積（低 GI 高纖維）

飲品

- 燕麥綠拿鐵 P.99
- 綜合穀物精力湯 P.49

點心

- 酪梨蛋沙拉 P.53

正餐

- 雞蓉玉米馬鈴薯濃湯 P.75
- 鹹水雞拌鮮蔬 P.153
- 嫩雞菇菇炒鮮蔬 P.159

各種肉類料理推薦

雞肉

點心

- 乳酪蒜香迷你雞塊 P.110

正餐

- 鹹水雞拌鮮蔬 P.153
- 香料雞胸肉沙拉 P.157
- 麻油菇菇雙拼 P.143
- 嫩雞菇菇炒鮮蔬 P.159

豬肉

正餐

- 香菇瘦肉糙米粥 P.79
- 豬肉味噌湯 P.137
- 薑汁燒肉 P.139
- 肉末燒豆腐 P.161
- 豆腐肉片捲 P.63
- 蒜泥白肉 P.141
- 麻油菇菇雙拼 P.143
- 蓮藕薏仁排骨湯 P.67

牛肉

正餐

- 牛肉綜合滷味 P.145
- 蔥爆牛肉 P.147
- 無水番茄牛肉 P.149
- 彩椒牛肉串燒 P.151

魚肉

正餐

- 香煎鯖魚佐檸檬鹽 P.121
- 法式紙包魚 P.123
- 蛤蜊鮮魚湯 P.129
- 蔥燒鮭魚 P.131

海鮮

正餐

- 小卷米粉湯 P.77
- 蒜香辣味蝦 P.125
- 海鮮什錦炒麵 P.127
- 蛤蜊鮮魚湯 P.129
- 海鮮蔬菜煎餅 P.133
- 泰式涼拌花枝 P.135

豆製品

正餐

- 肉末燒豆腐 P.161
- 豆腐肉片捲 P.163
- 泡菜豆腐鍋 P.165
- 豆干炒肉絲 P.167

Amy 推薦！
炊具有限也能做的菜色

- 酪梨蛋沙拉 P.53
- 玉米起司蛋餅 P.114
- 乳酪蒜香迷你雞塊 P.110
  註：除了油炸，也可用烤箱或氣炸鍋
- 香煎馬鈴薯 P.81
- 泡菜豆腐鍋 P.165
- 香料雞胸肉沙拉 P.157
- 蛤蜊鮮魚湯 P.129
- 海鮮蔬菜煎餅 P.133
- 烤蔥花吐司 P.118
- 烤地瓜薯條 P.85

Amy 推薦！
覆熱也好吃的便當菜

- 豆腐肉片捲 P.163
- 薑汁燒肉 P.139
- 洋蔥雞肉蓋飯 P.155
- 肉末燒豆腐 P.161
- 蒜泥白肉 P.141
- 豆干炒肉絲 P.167
- 蔥爆牛肉 P.147
- 焗烤馬鈴薯 P.71
- 蔥燒鮭魚 P.131
- 香料烤南瓜 P.60

Amy 推薦！
適合週末備餐保存的菜色

- 蔥花拌豆干 P.106
- 腐皮餛飩湯 P.116
- 八寶粥 P.83
- 佃煮南瓜 P.69
- 黃金地瓜燒 P.56
- 牛肉綜合滷味 P.145
- 泰式涼拌花枝 P.135
- 無水番茄牛肉 P.149
- 麻油菇菇雙拼 P.143
- 鹹水雞拌鮮蔬 P.153

來自法國的Staub鑄鐵鍋
絕佳導熱與水份循環
適合作出千變萬化的菜色

 我愛Staub鑄鐵鍋

加入臉書「我愛STAUB鑄鐵鍋」社團，
與愛好者一起交流互動，欣賞彼此的料理與美鍋，
每月分享最新情報，並可參加料理晒圖抽獎活動，大展廚藝。

北海道根昆布
濃縮高湯

只要一匙 美味即刻上桌

健康 美味 不失手

◆ 低熱量　◆ 富含礦物質及水溶性食物纖維

◆ 取代傳統鹽及味素的調味　◆ 瞬間提升鮮味

◆ 適用於各式家庭料理　◆ ISO22000 認證 食品安全保障

青葦股份有限公司
Cyanplus Co., Ltd
www.cyanplusgroup.com

THE
MOST USED
OIL BRAND
BY CHEFS
IN ITALY*

奧利塔爲義大利最多主廚
使用的食用油品牌

根據2017年尼爾森調查

*Claim based on research
conducted by Nielsen from
September 21 to October 4 2017,
600 interviews to Restaurant,
Pizzeria and Hotel with kitchen,
+/-3.1 pp at 95%

讀者回函卡

感謝您購買本公司出版的書籍，您的建議就是幸福文化前進的原動力。請撥冗填寫此卡，我們將不定期提供您最新的出版訊息與優惠活動。您的支持與鼓勵，將使我們更加努力製作出更好的作品。

讀者資料

● 姓名：_____ ● 性別：□男 □女 ● 出生年月日：民國 　年 　月 　日

● E-mail：_____

● 地址：□□□□□_____

● 電話：_____ 手機：_____ 傳真：_____

● 職業：□學生 　　　□生產、製造 　□金融、商業 　□傳播、廣告
　　　　□軍人、公務 　□教育、文化 　□旅遊、運輸 　□醫療、保健
　　　　□仲介、服務 　□自由、家管 　□其他

購書資料

1. 您如何購買本書？□一般書店（ 　縣市 　　書店）
　 □網路書店（ 　書店） 　□量販店 □郵購 □其他

2. 您從何處知道本書？□一般書店 □網路書店（ 　　書店） 　□量販店 □報紙
　 □廣播 　□電視 　□朋友推薦 　□其他

3. 您購買本書的原因？□喜歡作者 　□對內容感興趣 　□工作需要 　□其他

4. 您對本書的評價：（請填代號 1.非常滿意 2.滿意 3.尚可 4.待改進）
　 □定價 　□內容 　□版面編排 　□印刷 　□整體評價

5. 您的閱讀習慣：□生活風格 　□休閒旅遊 　□健康醫療 　□美容造型 　□兩性
　 □文史哲 　□藝術 　□百科 　□圖鑑 　□其他

6. 您是否願意加入幸福文化 Facebook ：□是 □否

7. 您最喜歡作者在本書中的哪一個單元：_____

8. 您對本書或本公司的建議：_____

_____

_____

_____

_____

_____

_____

想了解更多幸福文化的訊息，請加入【幸福文化】FB粉絲團！

23141

新北市新店區民權路 108-2 號 9 樓

遠足文化事業股份有限公司　收

請沿虛線剪下，對折黏貼，直接投入郵筒寄回

寄回函
抽好禮

請詳填本書回函卡並寄回幸福文化，
就有機會抽中 FB 人氣社團
「我愛 Staub 鑄鐵鍋」熱門鍋款！

Staub 圓形琺瑯鑄鐵飯鍋
直徑 12cm ／亞麻色
市價 6,800 元

Staub 琺瑯鑄鐵飯鍋
直徑 20cm ／石墨灰
市價 8,200 元

● Staub 圓形琺瑯鑄鐵飯鍋，共 9 個名額
● Staub 琺瑯鑄鐵飯鍋，共 1 個名額

活動期間：即日起至 2021 年 3 月 5 日止（以郵戳為憑）

得獎公布：2021 年 3 月 26 日公布於「幸福文化臉書粉絲專頁」

※ 本活動由幸福文化主辦，幸福文化保有修改與變更活動之權利。

※ 本獎品寄送僅限台、澎、金、馬地區。

增肌減脂！
運動前後快速料理
Amy の私人廚房╳好食課營養師團隊
教你超省時美味健身餐！

作者	Amy の私人廚房、好食課營養師團隊
主編	蕭歆儀
特約攝影	王正毅
插畫	日光路
封面與內頁設計	莊維綺
印務	黃禮賢、李孟儒
出版總監	黃文慧
副總編	梁淑玲、林麗文
主編	蕭歆儀、黃佳燕、賴秉薇
行銷總監	祝子慧
行銷企劃	林彥伶、朱妍靜
社長	郭重興
發行人兼出版總監	曾大福
出版	幸福文化出版社／遠足文化事業股份有限公司
地址	231 新北市新店區民權路 108-1 號 8 樓
粉絲團	https://www.facebook.com/Happyhappybooks/
電話	02-2218-1417
傳真	02-2218-8057
發行	遠足文化事業股份有限公司
地址	231 新北市新店區民權路 108-2 號 9 樓
電話	02-2218-1417
傳真	02-2218-1142
電郵	service@bookrep.com.tw
郵撥帳號	19504465
客服電話	0800-221-029
網址	www.bookrep.com.tw
法律顧問	華洋法律事務所 蘇文生律師
印製	凱林彩印股份有限公司
地址	114 台北市內湖區安康路 106 巷 59 號 1 樓
電話	02-2796-3576

初版一刷　西元 2020 年 12 月
Printed in Taiwan　有著作權　侵犯必究

國家圖書館出版品預行編目 (CIP) 資料

增肌減脂！運動前後快速料理：Amy の私人廚房 X 好食課
營養師團隊教你超省時美味健身餐！／Amy の私人廚房、
好食課營養師團隊　著 .-- 初版 .-- 新北市：幸福文化出版
社出版：遠足文化事業股份有限公司發行 , 2020.12
　　面；　公分
ISBN 978-986-5536-34-3(平裝)

1. 食譜 2. 塑身

427.1　　　　　　　　　　　109018209